U0234449

住房和城乡建设领域施工现场专业人员继续教育培训教材

质量员（装饰方向）岗位知识（第二版）

中国建设教育协会继续教育委员会　组织编写

中国建筑工业出版社

图书在版编目（CIP）数据

质量员（装饰方向）岗位知识 / 中国建设教育协会继续教育委员会组织编写. —2 版. —北京：中国建筑工业出版社，2021.8

住房和城乡建设领域施工现场专业人员继续教育培训教材

ISBN 978-7-112-26398-1

Ⅰ.①质…　Ⅱ.①中…　Ⅲ. ①建筑装饰－工程质量－质量管理－继续教育－教材　Ⅳ.①TU712

中国版本图书馆 CIP 数据核字（2021）第 147883 号

本书为住房和城乡建设领域施工现场专业人员继续教育培训教材之一。全书介绍了新颁布或更新的法律法规，以及新标准、新规范，详细说明了近年来出现的新材料、新机具，并对装配式装饰装修施工、环氧磨石艺术地坪施工等新技术、新工艺进行深入解读。

本书适用于质量员（装饰方向）的继续教育，同时可供相关专业人员参考。

责任编辑：李　明　李　杰
助理编辑：葛又畅
责任校对：焦　乐

住房和城乡建设领域施工现场专业人员继续教育培训教材
质量员（装饰方向）岗位知识（第二版）
中国建设教育协会继续教育委员会　组织编写
*
中国建筑工业出版社出版、发行（北京海淀三里河路 9 号）
各地新华书店、建筑书店经销
唐山龙达图文制作有限公司制版
北京同文印刷有限责任公司印刷
*
开本：787 毫米×1092 毫米　1/16　印张：8　字数：197 千字
2021 年 10 月第二版　2021 年 10 月第一次印刷
定价：**33.00** 元
ISBN 978-7-112-26398-1
(37899)

丛书编委会

出版说明

住房和城乡建设领域施工现场专业人员（以下简称施工现场专业人员）是工程建设项目现场技术和管理关键岗位从业人员，人员队伍素质是影响工程质量和安全生产的关键因素。当前，我国建筑行业仍处于较快发展进程中，城镇化建设方兴未艾，城市房屋建设、基础设施建设、工业与能源基地建设、交通设施建设等市场需求旺盛。为适应行业发展需求，各类新标准、新规范陆续颁布实施，各种新技术、新设备、新工艺、新材料不断涌现，工程建设领域的知识更新和技术创新进一步加快。

为加强住房和城乡建设领域人才队伍建设，提升施工现场专业人员职业水平，住房和城乡建设部印发了《关于改进住房和城乡建设领域施工现场专业人员职业培训工作的指导意见》（建人〔2019〕9 号）、《关于推进住房和城乡建设领域施工现场专业人员职业培训工作的通知》（建办人函〔2019〕384 号），并委托中国建筑工业出版社组织制定了《住房和城乡建设领域施工现场专业人员继续教育大纲》。依据大纲，中国建筑工业出版社、中国建设教育协会继续教育委员会和江苏省建设教育协会，共同组织行业内具有多年教学和现场管理实践经验的专家编写了本套教材。

本套教材共 14 本，即：《公共基础知识（第二版）》（各岗位通用）与《××员岗位知识（第二版）》（13 个岗位），覆盖了《建筑与市政工程施工现场专业人员职业标准》涉及的施工员、质量员、标准员、材料员、机械员、劳务员、资料员等 13 个岗位，结合企业发展与从业人员技能提升需求，精选教学内容，突出能力导向，助力施工现场专业人员更新专业知识，提升专业素质、职业水平和道德素养。

我们的编写工作难免存在不足，请使用本套教材的培训机构、教师和广大学员多提宝贵意见，以便进一步修订完善。

第二版前言

本书根据住房和城乡建设部发布的《关于改进住房和城乡建设领域施工现场专业人员职业培训工作的指导意见》（建人〔2019〕9号）编写，编写过程中参照了《建筑装饰装修工程质量验收标准》GB 50210—2018、《民用建筑工程室内环境污染控制标准》GB 50325—2020等近年的标准规范，介绍了UHPC超高性能混凝土板、贝壳粉涂料等绿色环保装饰装修材料，并编入装配式装饰装修施工、环氧磨石艺术地坪施工、地暖石材地面施工等新技术和新工艺，内容上力求前沿性和实用性。

本书共分“新颁布或更新的法律法规，新标准、新规范，新材料、新机具，新技术、新工艺”4个章节。本次修订主要增加了《建设工程企业资质管理制度改革方案》中有关建筑装饰装修工程的改革内容，以及新颁布的行政规章；更新了近年的一些标准规范，如《民用建筑工程室内环境污染控制标准》GB 50325—2020、《建筑防护栏杆技术标准》JGJ/T 470—2019等；用UHPC超高性能混凝土板等新材料替换了石灰石等内容；同时，对新技术、新工艺部分也做了个别调整和更新。

本书由中核华纬工程设计研究有限公司总工程师（装饰专业）胡本国教授主编，南京华夏天成建设有限公司刘勤工程师、中国建筑装饰协会绿色施工分会张仕彬秘书长、深圳市建艺装饰集团股份有限公司总工程师田力高级工程师、北京市金龙腾装饰股份有限公司总工程师谢宝英高级工程师、长春昆仑建设股份有限公司董事长杜云峰高级工程师、金鹏控股集团监事会主席孙元付高级工程师、苏州金螳螂建筑装饰股份有限公司周晓军高级工程师、北京中铁装饰工程有限公司副总经理兼总工程师陈继云高级工程师、北京中铁装饰工程有限公司技术创新中心部长王伟光高级工程师参加编写。

本书是住房和城乡建设领域施工现场专业人员的继续教育培训教材，也可作为建设、设计、施工、咨询等单位从事建筑装饰装修工程管理的专业人员的参考用书。

本书在编写过程中，参阅和引用了不少专家学者的著作，在此一并表示衷心的感谢。

由于编者水平和编制时间有限，书中难免存在不妥之处，敬请广大读者批评指正。

第一版前言

本书根据住房和城乡建设部发布的《关于改进住房和城乡建设领域施工现场专业人员职业培训工作的指导意见》（建人〔2019〕9号）编写，编写过程中参照了《建筑装饰装修工程质量验收标准》GB 50210—2018、《建筑内部装修设计防火规范》GB 50222—2017等近年的文件和规范，介绍了仿木纹、彩色铝方通、贝壳粉涂料等绿色环保装饰装修材料，并编入装配式装饰装修施工、环氧磨石艺术地坪、地暖石材施工等新技术和新工艺，内容上力求反映最新理论成果和最新政策法规和规范性文件，力求前沿性和实用性。

本书共分“新颁布或更新的政策法规，新标准、新规范，新材料、新机具，新技术、新工艺”4个章节。

本书由中国建筑装饰协会项目管理培训中心总工程师胡本国教授主编，南京华夏天成建设有限公司刘勤工程师，深圳市建艺装饰集团股份有限公司总工程师田力，中国建筑装饰协会项目管理培训中心副主任张仕彬，长春昆仑建设股份有限公司董事长杜云峰高级工程师，安徽金鹏控股集团有限公司监事会主席（原金鹏装饰公司董事长）孙元付高级工程师，北京中铁装饰工程有限公司总工程师陈继云高级工程师，北京中铁装饰工程有限公司技术创新中心部长王伟光高级工程师参加编写。

本书是住房和城乡建设领域施工现场专业人员的继续教育培训教材，也可作为建设、设计、施工、咨询等单位从事建筑装饰装修工程管理的专业人员参考用书。

本书在编写过程中，参阅和引用了不少专家学者的著作，在此一并表示衷心的感谢。

由于编者水平和编制时间有限，书中难免存在不妥之处，敬请广大读者批评指正。

目　录

第1章　新颁布或更新的法律法规

第1节　建筑装饰装修工程相关的新法律法规

1.1.1 《建设工程企业资质管理制度改革方案》

为贯彻落实2019年全国深化“放管服”改革优化营商环境电视电话会议精神和李克强总理重要讲话精神，深化建筑业“放管服”改革，做好建设工程企业资质（包括工程勘察、设计、施工、监理企业资质，以下统称企业资质）认定事项压减工作，住房和城乡建设部于2020年11月30日发布《关于印发建设工程企业资质管理制度改革方案的通知》（建市〔2020〕94号），正式颁布了《建设工程企业资质管理制度改革方案》（以下简称《方案》）。

《方案》明确，进一步放宽建筑市场准入限制，优化审批服务，激发市场主体活力。同时，坚持放管结合，加大事中事后监管力度，切实保障建设工程质量安全。

《方案》要求，对部分专业划分过细、业务范围相近、市场需求较小的企业资质类别予以合并，对层级过多的资质等级进行归并。改革后，工程勘察资质分为综合资质和专业资质，工程设计资质分为综合资质、行业资质、专业和事务所资质，施工资质分为综合资质、施工总承包资质、专业承包资质和专业作业资质，工程监理资质分为综合资质和专业资质。资质等级原则上压减为甲、乙两级（部分资质只设甲级或不分等级），资质等级压减后，中小企业承揽业务范围将进一步放宽，有利于促进中小企业发展。

《方案》提出，放宽准入限制，激发企业活力。住房和城乡建设部会同国务院有关主管部门制定统一的企业资质标准，大幅精简审批条件，放宽对企业资金、主要人员、工程业绩和技术装备等的考核要求。适当放宽部分资质承揽业务规模上限，多个资质合并的，新资质承揽业务范围相应扩大至整合前各资质许可范围内的业务，尽量减少政府对建筑市场微观活动的直接干预，充分发挥市场在资源配置中的决定性作用。

《方案》同时要求，加强事中事后监管，保障工程质量安全。坚持放管结合，加大资质审批后的动态监管力度，创新监管方式和手段，全面推行“双随机、一公开”监管方式和“互联网＋监管”模式，强化工程建设各方主体责任落实，加大对转包、违法分包、资质挂靠等违法违规行为查处力度，强化事后责任追究，对负有工程质量安全事故责任的企业、人员依法严厉追究法律责任。

《方案》强调，健全信用体系，发挥市场机制作用。进一步完善建筑市场信用体系，强化信用信息在工程建设各环节的应用，完善“黑名单”制度，加大对失信行为的惩戒力度。加快推行工程担保和保险制度，进一步发挥市场机制作用，规范工程建设各方主体行为，有效控制工程风险。

1.1.2 《建设工程企业资质管理制度改革方案》中有关建筑装饰装修工程的改革内容

（1）设计资质。建筑装饰工程设计专项，调整为建筑装饰工程通用专业，设甲、乙两级。建筑幕墙工程设计专项，调整为建筑幕墙工程通用专业，设甲、乙两级。

（2）施工资质。建筑装修装饰工程专业承包与建筑幕墙工程专业承包，合并为建筑装修装饰工程专业承包，设甲、乙两级。

（3）《方案》要求做好资质标准修订和换证工作，确保平稳过渡。设置1年过渡期，到期后实行简单换证，即按照新旧资质对应关系直接换发新资质证书，不再重新核定资质。

第2节　建筑装饰装修工程相关的新行政规章

1.2.1　财政部 住房和城乡建设部《关于政府采购支持绿色建材促进建筑品质提升试点工作的通知》(财库〔2020〕31号)(节选)

为发挥政府采购政策功能，加快推广绿色建筑和绿色建材应用，促进建筑品质提升和新型建筑工业化发展，根据《中华人民共和国政府采购法》和《中华人民共和国政府采购法实施条例》，财政部、住房和城乡建设部发布《关于政府采购支持绿色建材促进建筑品质提升试点工作的通知》(财库〔2020〕31号)。

1. 总体要求

（1）指导思想

以习近平新时代中国特色社会主义思想为指导，牢固树立新发展理念，发挥政府采购的示范引领作用，在政府采购工程中积极推广绿色建筑和绿色建材应用，推进建筑业供给侧结构性改革，促进绿色生产和绿色消费，推动经济社会绿色发展。

（2）基本原则

坚持先行先试。选择一批绿色发展基础较好的城市，在政府采购工程中探索支持绿色建筑和绿色建材推广应用的有效模式，形成可复制、可推广的经验。

强化主体责任。压实采购人落实政策的主体责任，通过加强采购需求管理等措施，切实提高绿色建筑和绿色建材在政府采购工程中的比重。

加强统筹协调。加强部门间的沟通协调，明确相关部门职责，强化对政府工程采购、实施和履约验收中的监督管理，引导采购人、工程承包单位、建材企业、相关行业协会及第三方机构积极参与试点工作，形成推进试点的合力。

（3）工作目标

在政府采购工程中推广可循环可利用建材、高强度高耐久建材、绿色部品部件、绿色装饰装修材料、节水节能建材等绿色建材产品，积极应用装配式、智能化等新型建筑工业化建造方式，鼓励建成二星级及以上绿色建筑。到2022年，基本形成绿色建筑和绿色建材政府采购需求标准，政策措施体系和工作机制逐步完善，政府采购工程建筑品质得到提升，绿色消费和绿色发展的理念进一步增强。

2. 试点对象和时间

（1）试点城市。试点城市为南京市、杭州市、绍兴市、湖州市、青岛市、佛山市。鼓励其他地区按照本通知要求，积极推广绿色建筑和绿色建材应用。

（2）试点项目。医院、学校、办公楼、综合体、展览馆、会展中心、体育馆、保障性住房等新建政府采购工程。鼓励试点地区将使用财政性资金实施的其他新建工程项目纳入试点范围。

（3）试点期限。试点时间为2年，相关工程项目原则上应于2022年12月底前竣工。

对于较大规模的工程项目，可适当延长试点时间。

3. 试点内容

（1）形成绿色建筑和绿色建材政府采购需求标准。财政部、住房和城乡建设部会同相关部门根据建材产品在政府采购工程中的应用情况、市场供给情况和相关产业升级发展方向等，结合有关国家标准、行业标准等绿色建材产品标准，制定发布《绿色建筑和绿色建材政府采购基本要求（试行）》（以下简称《基本要求》）。财政部、住房和城乡建设部将根据试点推进情况，动态更新《基本要求》，并在中华人民共和国财政部网站（www. mof. gov. cn）、住房和城乡建设部网站（www. mohurd. gov. cn）和中国政府采购网（www. ccgp. gov. cn）发布。试点地区可根据地方实际情况，对《基本要求》中的相关设计要求、建材种类和具体指标进行微调。试点地区要通过试点，在《基本要求》的基础上，细化和完善绿色建筑政府采购相关设计规范、施工规范和产品标准，形成客观、量化、可验证，适应本地区实际和不同建筑类型的绿色建筑和绿色建材政府采购需求标准，报财政部、住房和城乡建设部。

（2）加强工程设计管理。采购人应当要求设计单位根据《基本要求》编制设计文件，严格审查或者委托第三方机构审查设计文件中执行《基本要求》的情况。试点地区住房和城乡建设部门要加强政府采购工程中落实《基本要求》情况的事中事后监管。同时，要积极推动工程造价改革，完善工程概预算编制办法，充分发挥市场定价作用，将政府采购绿色建筑和绿色建材增量成本纳入工程造价。

（3）落实绿色建材采购要求。采购人要在编制采购文件和拟定合同文本时将满足《基本要求》的有关规定作为实质性条件，直接采购或要求承包单位使用符合规定的绿色建材产品。绿色建材供应商在供货时应当提供包含相关指标的第三方检测或认证机构出具的检测报告、认证证书等证明性文件。对于尚未纳入《基本要求》的建材产品，鼓励采购人采购获得绿色建材评价标识、认证或者获得环境标志产品认证的绿色建材产品。

（4）探索开展绿色建材批量集中采购。试点地区财政部门可以选择部分通用类绿色建材探索实施批量集中采购。由政府集中采购机构或部门集中采购机构定期归集采购人绿色建材采购计划，开展集中带量采购。鼓励通过电子化政府采购平台采购绿色建材，强化采购全流程监管。

（5）严格工程施工和验收管理。试点地区要积极探索创新施工现场监管模式，督促施工单位使用符合要求的绿色建材产品，严格按照《基本要求》的规定和工程建设相关标准施工。工程竣工后，采购人要按照合同约定开展履约验收。

（6）加强对绿色采购政策执行的监督检查。试点地区财政部门要会同住房和城乡建设部门通过大数据、区块链等技术手段密切跟踪试点情况，加强有关政策执行情况的监督检查。对于采购人、采购代理机构和供应商在采购活动中的违法违规行为，依照政府采购法律制度有关规定处理。

4. 保障措施

（1）加强组织领导。试点地区要高度重视政府采购支持绿色建筑和绿色建材推广试点工作，大胆创新，研究建立有利于推进试点的制度机制。试点地区财政部门、住房和城乡建设部门要共同牵头做好试点工作，及时制定出台本地区试点实施方案，报财政部、住房和城乡建设部备案。试点实施方案印发后，有关部门要按照职责分工加强协调配合，确保试点工作顺利推进。

（2）做好试点跟踪和评估。试点地区财政部门、住房和城乡建设部门要加强对试点工作的动态跟踪和工作督导，及时协调解决试点中的难点堵点，对试点过程中遇到的关于《基本要求》具体内容、操作执行等方面问题和相关意见建议，要及时向财政部、住房和城乡建设部报告。财政部、住房和城乡建设部将定期组织试点情况评估，试点结束后系统总结各地试点经验和成效，形成政府采购支持绿色建筑和绿色建材推广的全国实施方案。

（3）加强宣传引导。加强政府采购支持绿色建筑和绿色建材推广政策解读和舆论引导，统一各方思想认识，及时回应社会关切，稳定市场主体预期。通过新闻媒体宣传推广各地的好经验好做法，充分发挥试点示范效应。

1.2.2 《绿色建筑和绿色建材政府采购基本要求（试行）》中有关建筑装饰装修材料采购与使用的要求

1. 总则

（1）适用范围

医院、学校、办公楼、综合体、展览馆、会展中心、体育馆、保障性住房等新建工程项目。

（2）建造方式

应采用装配式、智能化等精益施工的新型建筑工业化建造方式。

注：装配率应不低于50%，以单体建筑作为计算单元。装配率计算参照《装配式建筑评价标准》GB/T 51129。

（3）结构类型

展览馆、会展中心、体育馆应采用钢结构。医院、学校、办公楼、综合体、保障房应采用混凝土结构或钢结构。

2. 基本规定

（1）在项目立项、招标采购、建筑设计、工程施工、质量验收等建筑全生命周期过程中，政府采购工程选取的建材产品应符合《绿色建筑和绿色建材政府采购基本要求（试行）》(以下简称《基本要求》）的指标要求，未列入《基本要求》的应参考绿色建筑、绿色建材等相关标准要求。

（2）《基本要求》中涉及的产品、材料及设备除应当符合《基本要求》技术指标外，还应当满足相应的法律法规和强制性标准要求。

（3）产品性能指标应同时符合使用地的地方标准要求。

3. 建设要求

（1）一般要求

1）保障性住房项目应全装修交付，其他建筑至少应对公共区域进行全装修交付。

全装修包括但不限于：公共建筑公共区域的固定面全部铺贴、粉刷完成，水、暖、电、通风等基本设备全部安装到位；住宅建筑内部墙面、顶面、地面全部铺贴、粉刷完成，门窗、固定家具、设备管线、开关插座及厨房、卫生间固定设施安装到位。

2）应结合场地自然条件和建筑功能需求，对建筑的体形、平面布局、空间尺度、围护结构等进行节能设计，且应符合国家有关节能设计的要求。

3）采取提升建筑部品部件耐久性的措施，并满足下列要求：

①使用耐腐蚀、抗老化、耐久性能好的管材、管线、管件；

②活动配件选用长寿命产品，并考虑部品组合的同寿命性；不同使用寿命的部品组合时，采用便于分别拆换、更新和升级的构造。

（2）建筑

1）建筑外门窗必须安装牢固，其抗风压性能和水密性能应符合国家现行有关标准的规定。

2）室内外地面或路面应满足以下防滑措施：

①建筑出入口及平台、公共走廊、电梯门厅、厨房、浴室、卫生间等设置防滑措施，防滑等级不低于现行行业标准《建筑地面工程防滑技术规程》JGJ/T 331 规定的 B_d、B_W 级；

②建筑室内外活动场所采用防滑地面，防滑等级达到现行行业标准《建筑地面工程防滑技术规程》JGJ/T 331 规定的 A_d、A_W 级；

③建筑坡道、楼梯踏步防滑等级达到现行行业标准《建筑地面工程防滑技术规程》JGJ/T 331 规定的 A_d、A_W 级或按水平地面等级提高一级，并采用防滑条等防滑构造技术措施。

3）采取措施优化主要功能房间的室内声环境。噪声级达到现行国家标准《民用建筑隔声设计规范》GB 50118 中的低限标准限值和高要求标准限值的平均值。

（3）结构

卫生间、浴室的地面应设置防水层，墙面、顶棚应设置防潮层。

注：防水层和防潮层设计应符合现行行业标准《住宅室内防水工程技术规范》JGJ 298 的规定。

（4）部品与材料

建筑所有区域实施土建工程与装修工程一体化设计及施工。

4. 建筑装饰装修材料

（1）隔断材料

1）纸面石膏板隔断

主要材料（系统）：纸面石膏板隔断。材料性能要求见表 1-1。

纸面石膏板隔断　**表 1-1**

绿色要求	品质属性要求
单位产品石棉含量为 0	1. 吸水率≤8%； 2. 48h 受潮挠度≤5mm

注：依据 T/CECS 10056。

2）吊顶材料

主要材料（系统）：纸面石膏板。详见 1）。

主要材料（系统）：矿棉吸声板。材料性能要求见表 1-2。

矿棉吸声板　**表 1-2**

绿色要求	品质属性要求
内照射指数 I_{Ra}≤1.0，外照射指数 I_r≤1.3	燃烧性能达到 A_2 级

注：依据 GB 6566、GB 8624。

主要材料（系统）：集成吊顶。材料性能要求见表1-3。

集成吊顶 表1-3

绿色要求	品质属性要求
1. 换气模块能效等级达到2级； 2. LED照明模块能效等级达到2级； 3. 辐射式取暖器光效率衰减1lm/W； 4. 风暖式取暖器功率衰减(2000h)≤8%	1. 换气模块运行噪声(额定功率≤40W时)≤55dB； 2. 风暖模块运行噪声(额定功率≤2000W时)≤60dB

注：依据T/CECS 10053。

（2）其他

其他装饰装修材料和部品部件详见《绿色建筑和绿色建材政府采购基本要求（试行）》。

第 2 章　新标准、新规范

第 1 节　中国建筑装饰协会团体标准

2.1.1　团体标准的诞生和发展

标准是世界的通用语言，是公认的技术规则，也是国际贸易的依据和通行证。随着我国综合国力的不断增强，标准化建设在便利国际经贸往来、加快技术交流、促进产能合作、降低交易成本和实现共同效益等方面的作用日益凸显。

2015 年，国务院印发了《深化标准化工作改革方案》，确定建立政府主导与市场自主制定标准协同发展、协调配套的新型标准体系，支持发展团体标准。

2018 年 1 月 1 日，新版《中华人民共和国标准化法》（以下简称《标准化法》）正式实施，对我国标准化制度进行重大改革，确立了团体标准在我国标准体系中的法律地位，此后，团体标准进入依法规范快速发展阶段。这是我国标准化发展过程中极为重要的里程碑事件，不仅为发挥市场在标准化资源配置中的决定性作用提供了重要法理基础，也为推进国家治理体系和治理能力现代化提供了有力支撑和保障。

团体标准作为市场自主制定标准的主要方面，与我国深度的改革开放紧密联系在一起，是标准化改革的重要内容。团体标准在促进技术革新、规范市场秩序、引领行业发展中发挥着积极作用。社会团体充分发挥自身优势，依据市场需求制定团体标准，或是填补国家、行业标准空白，或是执行更加严格的标准，促进行业健康有序发展。

团体标准诞生于改革发展和市场经济的沃土之中，尽管其发展蓬勃，但也存在一系列问题。本节聚焦团体标准的编制全过程，以法律、法规、规章和标准为基础，以团体标准管理和良好行为为主线，在仔细梳理和深入分析研究大量团体标准实例的基础上，针对当前团体标准编写机构遇到的常见问题，围绕团体机构组织管理的高效性、团体标准编制过程的合规性、标准内容的科学性和标准编写的规范性等方面展开，为社会团体的标准编制工作提供指导。

2.1.2　国家全面培育发展团体标准阶段

我国团体标准发展历程，大致可分为民间自发、技术标准联盟化和国家全面培育发展团体标准三个阶段。此处，主要介绍国家全面培育发展团体标准阶段。具体如下：

1. 开启快速发展进程

2015 年 3 月 11 日，国务院在《深化标准化工作改革方案》中明确提出要培育发展团体标准，“鼓励具备相应能力的学会、协会、商会、联合会等社会组织和产业技术联盟协调相关市场主体共同制定满足市场创新需要的标准，供市场资源选用，增加标准的有效供给”，由此，团体标准开启快速发展进程。2015 年 6 月 5 日，国家标准化管理委员会（以下简称国家标准委）办公室下达了团体标准试点工作任务。2015 年 7 月，国家标准委发布第一批团体标准试点单位名单，共 39 家试点单位。

2015年8月30日，国务院办公厅印发《贯彻实施〈深化标准化工作改革方案〉行动计划（2015～2016年）》，明确开展团体标准试点工作，鼓励研究制定推进科技类学术团体开展标准制定和管理的实施办法，做好学会有序承接政府转移职能的试点工作，在市场化程度高、技术创新活跃和产品类标准较多的领域，鼓励有条件的学会、协会、商会和联合会等先行先试，开展团体标准试点。在总结试点经验基础上，加快制定团体标准发展指导意见和标准化良好行为规范，进一步明确团体标准制定程序和评价准则。

2015年12月17日，国务院办公厅印发《国家标准化体系建设发展规划（2016～2020年）》，明确提出发挥市场主体作用，鼓励企业和社会组织制定严于国家标准、行业标准的企业标准和团体标准，将拥有自主知识产权的关键技术纳入企业标准或团体标准，促进技术创新、标准研制和产业化协调发展。

2016年2月29日，国家质量监督检验检疫总局（以下简称国家质检总局）、国家标准委联合印发《关于培育和发展团体标准的指导意见》，指出了发展团体标准的基本原则、主要目标和管理方式等内容。2016年4月25日，国家质检总局、国家标准委联合发布实施《团体标准化 第1部分：良好行为指南》GB/T 20004.1—2016，指出了团体标准化活动的一般原则、团体标准的制定程序和编写规则等内容。

2. 确立法律地位

2017年12月15日，国家质检总局、国家标准委、民政部联合出台《团体标准管理规定（试行）》，对团体标准的制定、实施、监督等内容进行了具体规定，明确了谁能干、怎么干、怎么管的问题。各政府和部门对团体标准高度重视，随之出台了相应的贯彻落实措施，使团体标准近几年在国内得到了快速发展。如工业和信息化部于2017年12月19日发布了《关于培育发展工业通信业团体标准的实施意见》。

2018年1月1日《标准化法》正式实施，明确规定了“标准包括国家标准、行业标准、地方标准和团体标准、企业标准”，第一次赋予了团体标准法律地位，我国标准由四级标准变成五级标准，形成新型标准体系。团体标准的加入，既改变了我国的标准体系和标准供给结构，也激发了市场的活力。

3. 规范、引导和监督发展

现阶段团体标准总体发展势头良好，积累了有益的经验，在构建新型标准体系中的作用越来越得以发挥。但在团体标准发展过程中，也逐渐显现了一些新的问题，比如：在制定主体方面，一些社会团体制定的团体标准的科学性、规范性、协调性不够，引起社会质疑；在监督管理方面，对于团体标准制定过程中出现问题的处理，有关部门的职责不够明确、处理程序不够清晰。为妥善解决这些新出现的问题，进一步加强对团体标准化工作的规范、引导和监督，促进团体标准化工作健康有序发展，2018年7月13日，国家市场监督管理总局、国家标准委联合发布实施《团体标准化 第2部分：良好行为评价指南》GB/T 20004.2—2018。国家标准委于2018年7月30日发布第二批团体标准试点单位名单，共144家试点单位，并开始对《团体标准管理规定（试行）》进行修订。

在此背景下，国家标准委围绕贯彻落实《标准化法》对团体标准的要求，结合《团体标准管理规定（试行）》的实施情况，总结有关部门的做法和团体标准的试点经验，分析团体标准发展中的问题，通过开展调研、座谈等工作，与有关部门、社会团体、专家等进行交流沟通，广泛征求意见。经国务院标准化协调推进部际联席会议第五次全体会议审议通过，国家标准委、民政部于 2019 年 1 月 9 日正式印发《团体标准管理规定》。

《团体标准管理规定》的正式出台，对团体标准化事业发展来说，是一份极其重要的规范性文件，也必将及时发挥重要作用。

2.1.3　中国建筑装饰协会团体标准的发展

中华人民共和国成立以来，我国制定标准的范围主要集中在工业产品、工程建设和环保三大领域，工程建设标准体制来自苏联，是政府主导制定的标准。中国建筑装饰协会（China Building Decoration Association）团体标准（以下简称 CBDA 标准），作为市场自主制定的标准，是中国建筑装饰协会的一大制度创新，是自中国建设标准化协会 CECS 标准（1986 年由国家计委委托）后，住房和城乡建设部部管社团的第二个团体标准。

CBDA 标准于 2014 年开始起步的另一项重大行业成果是《关于我国建筑装饰行业技术标准的调研报告》(以下简称《报告》)，该《报告》基本上理清了中华人民共和国成立以来我国建筑装饰行业标准的发展脉络，从大数据上得出两个重大判断：

一是 1966 年是我国现代装饰行业的起点。以往业内认为，我国现代建筑装饰行业的起步是始自 1978 年的改革开放，而实际情况是，我国关于建筑装饰工程的第一部国家标准，是 1966 年建筑工程部批准发布的《装饰工程施工及验收规范》GBJ 15—66。标准既是对细分行业需求的制度性供给，也是社会对细分行业的认可。1966 年，是我国现代建筑装饰行业起步、形成和发展的重要标志，比原来行业的认知推前了 12 年。

二是装修标准与工程建设标准差距甚大。1966～2016 年，我国政府主导制定的建筑装饰行业标准共有 136 项，其中全国的 86 项（国标 6 项）、地方的 50 项，包括公共建筑装饰装修（公装）69 项、住宅建筑装饰装修（家装）24 项、建筑幕墙工程 43 项，为这一重要历史时期我国工程建设和建筑装饰行业发展做出了重要贡献。

中华人民共和国成立以来，136 项政府主导制定的建筑装饰行业标准，只是我国 7100 多项现行各类工程建设标准的 1.9%，4496 项国家工程建设标准（国家标准、行业标准）的 3%，829 项房屋建筑标准的 16%。现行的 1071 项工程建设国家标准，建筑装饰行业的只有 6 项，仅占 0.56%。住房和城乡建设部标准化技术支撑机构 21 个标准化委员会中没有涉及建筑装饰行业。

建筑装饰行业标准的发展与其作为建筑业四大行业（房屋建筑业、土木工程建筑业、建筑安装业、建筑装饰和其他建筑业）之一的地位和作用极不相称，但同时给 CBDA 标准编制工作预留了巨大的生存和发展空间。

2014 年，中国建筑装饰协会在住房和城乡建设部标准定额司指导下，启动了 CBDA 标准的编制工作。2014 年 6 月 12 日，中国建筑装饰协会在苏州召开了 CBDA 标准立项的“建筑装饰行业技术标准编制工作会议”，会议根据住房和城乡建设部关于在我国工程建设标准体系将增加“社团标准”的改革方向做出积极响应：先行先试，探索创新。

2014 年 6 月 24 日，中国建筑装饰协会做出《关于首批中装协标准立项的批复》，12 项标准报送住房和城乡建设部待批立项。12 月 26 日，住房和城乡建设部《2015 年工程建设标准规范制订、修订计划》，确定了报送的 12 项标准中《建筑装饰装修工程成品保护技术规程》和《轻质砂浆》两项标准立项，由中国建筑装饰协会分别与深圳市建筑装饰（集团）有限公司、深圳广田集团股份有限公司共同主编，其他 10 项作为 CBDA 标准进行编制。

2015 年 3 月 11 日，国务院颁布的《深化标准化工作改革方案》做出了“培育发展团体标准”的重大国家发展战略决策。3 月 13 日，住房和城乡建设部办公厅《关于征集 2016 年工程建设标准制订、修订项目的通知》要求，对量大面广的推荐性专用标准，原则上由各社会组织制定和发布。

住房和城乡建设部从 2015 年起，不再制（修）订推荐性工程建设标准，即不再受理企业能够参编的非公益性标准，2015 年批准的国家标准和行业标准，2017 年 10 月都应完成报批稿。从 2016 年起，已不再组织不再制（修）订政府主导的推荐性工程建设标准（GB/T、JGJ、JG、JC 等），同时推进政府推荐性标准向团体标准转化。

CBDA 标准，是 2015 年工程建设标准化重大改革后，住房和城乡建设部第一个具有市场化意义的团体标准。根据国家和住房和城乡建设部工程建设标准化改革的发展方向和制度安排，CBDA 标准将成为建筑装饰行业和市场需要的主要标准，意义重大。

2.1.4 已经批准发布的建筑装饰行业工程建设 CBDA 标准

至 2021 年 3 月，中国建筑装饰协会已批准 CBDA 标准立项 23 批、101 项，已批准发布 51 项，在编标准 50 项，其中，包含根据住房和城乡建设部办公厅《可转化成团体标准的现行工程建设推荐性标准目录（2018 年版）的通知》要求，转化承接的 3 项国家标准、行业标准，分别为《住宅装饰装修工程施工规范》GB 50327—2001、《房屋建筑室内装饰装修制图标准》JGJ/T 244—2011、《住宅室内装饰装修工程质量验收规范》JGJ/T 304—2013，此三项标准均已基本完成转化编制工作。

中国建筑装饰协会已经批准发布的建筑装饰行业工程建设 CBDA 标准见表 2-1。

中国建筑装饰协会已经批准发布的建筑装饰行业工程建设 CBDA 标准　　表 2-1

序号	标准名称	批准发布时间	审批文件号	标准编号
1	环氧磨石地坪装饰装修技术规程	2016.08.30	中装协〔2016〕51 号	T/CBDA 1—2016
2	绿色建筑室内装饰装修评价标准	2016.09.09	中装协〔2016〕52 号	T/CBDA 2—2016
3	建筑装饰装修工程 BIM 实施标准	2016.09.12	中装协〔2016〕53 号	T/CBDA 3—2016
4	建筑装饰装修工程木质部品	2016.11.21	中装协〔2016〕77 号	T/CBDA 4—2016
5	商业店铺装饰装修技术规程	2016.11.21	中装协〔2016〕78 号	T/CBDA 5—2016
6	室内泳池热泵系统技术规程	2016.12.08	中装协〔2016〕83 号	T/CBDA 6—2016
7	建筑幕墙工程 BIM 实施标准	2016.12.26	中装协〔2016〕90 号	T/CBDA 7—2016
8	室内装饰装修工程人造石材应用技术规程	2017.07.06	中装协〔2017〕52 号	T/CBDA 8—2017
9	轨道交通车站幕墙工程技术规程	2017.07.18	中装协〔2017〕58 号	T/CBDA 9—2017
10	寺庙建筑装饰装修工程技术规程	2018.02.01	中装协〔2018〕05 号	T/CBDA 10—2018
11	机场航站楼室内装饰装修工程技术规程	2018.03.28	中装协〔2018〕18 号	T/CBDA 11—2018
12	中国建筑装饰行业企业主体信用评价标准	2018.03.08	中装协〔2018〕26 号	T/CBDA 12—2018
13	轨道交通车站装饰装修施工技术规程	2018.05.18	中装协〔2018〕44 号	T/CBDA 13—2018
14	建筑装饰装修施工测量放线技术规程	2018.05.28	中装协〔2018〕47 号	T/CBDA 14—2018
15	电影院室内装饰装修技术规程	2018.06.18	中装协〔2018〕60 号	T/CBDA 15—2018
16	家居建材供应链一体化服务规程	2018.07.01	中装协〔2018〕74 号	T/CBDA 16—2018
17	轨道交通车站装饰装修设计规程	2018.07.10	中装协〔2018〕75 号	T/CBDA 17—2018

续表

序号	标准名称	批准发布时间	审批文件号	标准编号
18	建筑装饰装修室内吊顶支撑系统技术规程	2018.08.03	中装协〔2018〕80 号	T/CBDA 18—2018
19	住宅室内装饰装修工程施工实测实量技术规程	2018.08.13	中装协〔2018〕81 号	T/CBDA 19—2018
20	医疗洁净装饰装修工程技术规程	2018.08.13	中装协〔2018〕82 号	T/CBDA 20—2018
21	轨道交通车站标识设计规程	2018.08.22	中装协〔2018〕85 号	T/CBDA 21—2018
22	室内装饰装修乳胶漆施工技术规程	2018.10.08	中装协〔2018〕94 号	T/CBDA 22—2018
23	硅藻泥装饰装修技术规程	2018.10.16	中装协〔2018〕96 号	T/CBDA 23—2018
24	轨道交通车站装饰装修工程 BIM 实施标准	2018.12.06	中装协〔2018〕109 号	T/CBDA 24—2018
25	幼儿园室内装饰装修技术规程	2018.12.12	中装协〔2018〕110 号	T/CBDA 25—2018
26	建筑幕墙工程设计文件编制标准	2019.01.30	中装协〔2019〕12 号	T/CBDA 26—2019
27	建筑装饰装修机电末端综合布置技术规程	2019.02.20	中装协〔2019〕13 号	T/CBDA 27—2019
28	建筑室内安全玻璃工程技术规程	2019.05.28	中装协〔2019〕61 号	T/CBDA 28—2019
29	搪瓷钢板工程技术规程	2019.05.28	中装协〔2019〕62 号	T/CBDA 29—2019
30	既有建筑幕墙改造技术规程	2019.08.23	中装协〔2019〕102 号	T/CBDA 30—2019
31	单元式幕墙生产技术规程	2019.08.23	中装协〔2019〕103 号	T/CBDA 31—2019
32	住宅全装修工程技术规程	2019.09.12	中装协〔2019〕113 号	T/CBDA 32—2019
33	超高层建筑玻璃幕墙施工技术规程	2019.10.30	中装协〔2019〕122 号	T/CBDA 33—2019
34	室内装饰装修金属饰面工程技术规程	2019.11.01	中装协〔2019〕123 号	T/CBDA 34—2019
35	建筑装饰装修工程施工组织设计标准	2019.12.30	中装协〔2019〕148 号	T/CBDA 35—2019
36	室内装饰装修改造技术规程	2020.01.09	中装协〔2020〕01 号	T/CBDA 36—2020
37	机场航站楼建筑幕墙工程技术规程	2020.03.12	中装协〔2020〕07 号	T/CBDA 37—2020
38	老人设施室内装饰装修技术规程	2020.03.20	中装协〔2020〕08 号	T/CBDA 38—2020
39	光电建筑技术应用规程	2020.03.24	中装协〔2020〕09 号	T/CBDA 39—2020
40	展览陈列工程技术规程	2020.06.01	中装协〔2020〕11 号	T/CBDA 40—2020
41	幕墙石材板块生产技术规程	2020.07.16	中装协〔2020〕12 号	T/CBDA 41—2020
42	功能性内墙涂料	2020.08.24	中装协〔2020〕21 号	T/CBDA 42—2020
43	租赁住房装饰装修技术规程	2020.10.27	中装协〔2020〕32 号	T/CBDA 43—2020
44	博物馆室内装饰装修技术规程	2020.11.16	中装协〔2020〕39 号	T/CBDA 44—2020
45	民用建筑环境适老性能等级评价标准	2020.12.18	中装协〔2020〕59 号	T/CBDA 45—2020
46	商业道具通用技术规程	2021.01.13	中装协〔2021〕09 号	T/CBDA 46—2021
47	建筑室内装饰装修制图标准	2021.01.13	中装协〔2021〕08 号	T/CBDA 47—2021
48	单元式玻璃幕墙施工和验收技术规程	2021.02.07	中装协〔2021〕11 号	T/CBDA 48—2021
49	建筑装饰装修室内空间照明设计应用标准	2021.02.03	中装协〔2021〕13 号	T/CBDA 49—2021
50	老年人照料设施建筑装饰装修设计规程	2021.03.03	中装协〔2021〕18 号	T/CBDA 50—2021
51	住宅装饰装修工程施工技术规程	2021.03.18	中装协〔2021〕25 号	T/CBDA 51—2021

2.1.5 《环氧磨石地坪装饰装修技术规程》T/CBDA 1—2016（实例）

1. 编制特点

国家鼓励培育和发展团体标准后，本标准是较早响应号召、按照市场需求编制的团体标准，也是建筑装饰行业首部团体标准。

本标准是中国建筑装饰协会自开展团体标准编制工作后的第一部标准，由建筑装饰行业领域内的领军企业牵头，会同行业众多相关单位共同编制而成。

由于环氧磨石技术和工程化经验在国内起步较晚，在本标准发布前，尚未有专门的标准支撑。该团体标准的出台，填补了我国建筑装饰行业环氧磨石地坪装饰装修标准的空白，代表了我国在该项建设工程技术的最高水平，更是行业发展进入成熟阶段的标志之一，对环氧磨石地坪的装饰装修工程规范性方面具有重要意义。

2. 编制单位和人员

《环氧磨石地坪装饰装修技术规程》T/CBDA 1—2016 由中国建筑装饰协会发布，自2016 年 11 月 30 日起实施。本标准是按照住房和城乡建设部《关于深化工程建设标准化工作改革的意见》要求，由苏州金螳螂建筑装饰股份有限公司主编，并会同有关单位共同编制。参与标准编制的均是在环氧磨石地坪装饰装修领域最有代表性的生产企业，编写人员均是对材料、施工等有着丰富经验的专业人员。

3. 标准的主要内容

为贯彻国家新时期“适用、经济、绿色、美观”的建筑方针，满足环氧磨石地坪装饰装修细分市场、技术创新等方面的需求，提高环氧磨石地坪装饰装修设计、施工水平，保证环氧磨石地坪装饰装修工程质量，特制定本标准。本标准适用于新建、扩建、改建和既有建筑工程中室内环氧磨石地坪装饰装修设计、施工及验收。环氧磨石地坪装饰装修工程的承包合同、设计文件及其他技术文件对工程质量验收的要求不得低于本标准规定环氧磨石地坪装饰装修的设计、施工及验收要求。

4. 标准的特色亮点

《环氧磨石地坪装饰装修技术规程》T/CBDA 1—2016 是中国建筑装饰协会第一部正式批准发布的团体标准，也是国内环氧磨石地坪装饰装修行业的第一部行业级标准，填补了标准的空白，达到了国内领先水平。

此外，本标准也是因市场需求而较早响应国家标准化改革政策的新行业团体标准，由装饰装修行业的精锐力量共同提出并编制而成，备受团体会员认可。

5. 标准编制的意义及应用情况

环氧磨石地坪是以无溶剂环氧树脂为主剂，加入彩色天然石子，经过搅拌、平铺、粗磨、水磨、罩面，形成的外形美观、耐磨的高档场所理想装饰材料。环氧磨石地坪，是模仿水磨石地坪施工的新型地坪，拥有环氧树脂地板的所有优异性能，可以做到墙地一体化。国内机场、宾馆、星级酒店、会议中心、展览馆等大型公共建筑以及高级私人住宅地面的装饰装修多采用水磨石、人造大理石等拼接地面，这些地坪材料存在缝隙，容易存积污垢，且进行图案设计的难度大。环氧磨石地坪的优点是：不起灰、整体无缝、不渗漏、容易清洗、不会存积尘埃和细菌，机械强度高、耐磨损、耐冲击，耐酸、碱、盐、汽油、机油、柴油等化学品。因此，环氧磨石地坪得到了较广泛的应用。

本团体标准的出台将对规范环氧磨石地坪的装饰装修工程具有重要意义。

2.1.6 《住宅室内装饰装修工程施工实测实量技术规程》T/CBDA 19—2018（节选）

为了统一住宅室内装饰装修工程施工实测实量的技术要求，满足住宅室内装饰装修工程施工实测实量市场和创新需要，做到技术先进、经济合理，保证住宅室内装饰装修工程质量，制定本规程。

实测实量（Real Quantity Measurement）：使用测量仪器和工具，对工程质量可量化的允许偏差项目现场测量的方法。

1. 基本规定

（1）住宅室内装饰装修工程施工实测实量应包括下列内容：

1）应以间为单位进行取样实测布点，各分项工程检验批划分应符合现行国家标准《建筑装饰装修工程质量验收标准》GB 50210、《建筑地面工程施工质量验收规范》GB 50209 的相关规定；

2）相同材料、工艺和施工条件的分项工程每个检验批抽取不同户型实测布点，每个检验批应至少抽测 20%且不得少于 5 间，不足 5 间的应全数实测实量；

3）分项工程检验批实测布点采取固定、随机、目测等方式且分布均匀，对每个实测房间目测有明显偏差部位应增加实测点；

4）实测实量应对标高水平线、轴线等基准控制线、点进行复核，并应符合现行行业团体标准《建筑装饰装修工程测量和放线技术规程》T/CBDA 14 的相关规定；

5）实测实量的测量仪器和工具应符合现行行业标准《建筑工程质量检测器组校准规范》JJF 1110 的相关规定。

（2）装饰装修施工前，应对建筑物的主体结构或围护结构和机电管线等分部分项工程进行实测实量，应满足设计要求，并应符合现行国家标准《砌体结构工程施工质量验收规范》GB 50203、《混凝土结构工程施工质量验收规范》GB 50204、《建筑给水排水及采暖工程施工质量验收规范》GB 50242、《通风与空调工程施工质量验收规范》GB 50243 和《建筑电气工程施工质量验收规范》GB 50303 的相关规定。

（3）实测实量应采用经检定或校准合格的测量仪器和工具并应符合下列规定：

1）分度值为 1mm 的钢卷尺；

2）分度值为 0.5mm 的钢直尺；

3）分辨率为 0.02mm 的游标卡尺；

4）分度值为 0.5mm 的楔形塞尺；

5）精度为 0.5mm 的 2m 垂直检测尺；

6）精度为 0.5mm 的内外直角检测尺；

7）精度为 0.5mm 的 2m 水平检测尺；

8）水平精度为 1mm/7m 的激光水平仪；

9）精度为 0.2mm/m 的激光测距仪。

（4）实测实量结果应符合下列规定：

1）每个实测点测量结果取最大值作为一个实测值；

2）凸出部位实测，应将检测尺中间部位放置在凸出部位上，取翘曲端最大实测值除以 2 作为该点的实测值；

3）每个检验批抽查实测点，80%以上实测实量数据的允许偏差，应符合现行国家标准《建筑装饰装修工程质量验收标准》GB 50210 的相关规定；

4）抽查实测点不得有影响使用功能或明显影响装饰装修效果的缺陷；

5）实测点最大偏差不得超过《建筑装饰装修工程质量验收标准》GB 50210 允许偏差

值的 1.5 倍。

（5）检测项目的允许偏差应符合下列要求：

1）主体结构检测数据的允许偏差，应符合现行国家标准《混凝土结构工程施工质量验收规范》GB 50204 中有关现浇结构分项工程和装配式结构分项工程的规定；

2）砌体结构检测数据的允许偏差，应符合现行国家标准《砌体结构工程施工质量验收规范》GB 50203 中有关砖砌体工程、混凝土小型空心砌块砌体工程、填充墙砌体工程的规定；

3）建筑装饰装修检测的允许偏差，应符合现行国家标准《建筑装饰装修工程质量验收标准》GB 50210 的相关规定；

4）地面装饰装修检测的允许偏差，应符合现行国家标准《建筑地面工程施工质量验收规范》GB 50209 的相关规定；

5）房间方正度和机电末端等部分检测的允许偏差，应符合现行行业标准《住宅室内装饰装修工程质量验收规范》JGJ/T 304 的相关规定。

（6）住宅室内装饰装修工程施工制图应符合现行行业标准《房屋建筑室内装饰装修制图标准》JGJ/T 244 的相关规定。

（7）住宅室内装饰装修工程施工工程量计算应符合现行国家标准《房屋建筑与装饰工程工程量计算规范》GB 50854 的相关规定。

（8）实测实量数据记录，应包括实测工具、实测项目、允许偏差、实测点、实测值、实测结果和实测人员信息等，并归档保存。

2. 墙面工程

（1）一般规定

1）墙面工程实测实量，包括混凝土结构工程、砌体结构工程、抹灰工程、轻质隔墙工程、饰面板工程、饰面砖工程、裱糊工程、软包工程、涂饰工程等立面垂直度、表面平整度、阴阳角方正、接缝高低差、接缝宽度、接缝直线度。

2）相同材料、工艺和施工条件的墙面工程，每个房间墙面均进行实测实量，每个墙面布点应符合本规程的规定。每个检验批应抽取不少于 20 个墙面且不同户型。

（2）立面垂直度

1）立面垂直度实测实量工具应采用 2m 垂直检测尺。

2）立面垂直度实测实量应符合下列规定：

①卧室、起居室相同材料、工艺和施工条件的每一面墙两端和中部固定的实测点，不宜少于 3 个点；

②厨房、卫生间每一面墙左右两端固定实测点，不宜少于 2 个点；

③墙面长度大于 4m，在墙面中部位置宜增加 1 个固定实测点；

④每一面墙左右两端实测点，距离阴角或阳角 200～300mm，且分别在距离地面和顶面 100～300mm 范围内布点，墙面中间实测点在中间部位布点；

⑤墙面有门窗洞口，在其洞口两侧，距离洞口 100mm 范围内不宜少于 1 个固定实测点，并对混凝土结构墙体洞口内侧宜增加 1 个固定实测点。

3）立面垂直度允许偏差应符合表 2-2 的规定。

立面垂直度允许偏差　表 2-2

分项工程	现浇混凝土结构墙体	装配式结构构件≤6m	砖砌体、混凝土小型空心砌块	填充墙砌体≤3m	一般抹灰		骨架隔墙		板材隔墙		玻璃隔墙		光面石板	木板	内墙砖	水性涂料涂饰 薄涂料		美术涂饰	裱糊
					普通抹灰	高级抹灰	纸面石膏板	人造板、水泥纤维板	金属夹芯复合轻质墙板	增强水泥板、混凝土轻质板	玻璃板	玻璃砖				普通涂饰	高级涂饰		
允许偏差（mm）	10	5	5	5	4	3	3	4	2	3	2	3	2	2	2	3	2	4	3

（3）表面平整度

1）表面平整度实测实量工具应采用 2m 水平检测尺和楔形塞尺。

2）表面平整度实测实量应符合下列规定：

①卧室、起居室相同材料、工艺和施工条件的每一面墙 4 个角部区域固定实测点不宜少于 2 点；中间和底部水平或垂直方向固定实测点不宜少于 2 个点；厨房、卫生间每一面墙中部区域固定实测点不宜少于 1 个点；

②每一面墙顶部和根部 4 个角部区域，应在距离角端 100mm 范围内斜向实测布点；底部水平实测应在地面 100～300mm 范围内布点；墙面中部实测应在墙面顶部和根部之间的中间部位布点；

③墙面有门窗洞口，在其洞口两侧距离洞口 100mm 范围内竖向不宜少于 1 个实测点，且在洞口斜向部位不宜少于 1 个实测点。

3）表面平整度允许偏差应符合表 2-3 的规定。

表面平整度允许偏差　表 2-3

分项工程	现浇混凝土结构墙体	装配式结构相邻构件（墙板外露）	砖砌体、混凝土小型空心砌块	填充墙砌体≤3m	一般抹灰		骨架隔墙		板材隔墙		玻璃隔墙		光面石板	木板	内墙砖	水性涂料涂饰 薄涂料		美术涂饰	裱糊
					普通抹灰	高级抹灰	纸面石膏板	人造板、水泥纤维板	金属夹芯复合轻质墙板	增强水泥板、混凝土轻质板	玻璃板	玻璃砖				普通涂饰	高级涂饰		
允许偏差（mm）	8	5	8	8	4	3	3	3	2	3	—	3	2	1	3	3	2	4	3

（4）阴阳角方正

1）阴阳角方正实测实量工具应采用200mm直角检测尺。

2）阴阳角方正实测实量应符合下列规定：

①每个房间每个阴角或阳角固定实测点不宜少于1个点；

②每一面墙同一阴角或阳角实测布点，应分别在距离地面或顶面不小于300mm范围内。

3）阴阳角方正允许偏差应符合表2-4的规定。

阴阳角方正允许偏差 表2-4

分项工程	一般抹灰		骨架隔墙		板材隔墙		玻璃隔墙		光面石板	木板	内墙砖	水性涂料涂饰		美术涂饰	裱糊
												薄涂料			
	普通抹灰	高级抹灰	纸面石膏板	人造板、水泥纤维板	金属夹芯复合轻质墙板	增强水泥板、混凝土轻质板	玻璃板	玻璃砖				普通涂饰	高级涂饰		
允许偏差（mm）	4	3	3	3	3	4	2	—	2	2	3	3	2	4	3

（5）接缝高低差

1）接缝高低差实测实量工具应采用钢直尺和楔形塞尺。

2）接缝高低差实测实量应符合下列规定：

①相同材料、工艺和施工条件的每一面墙目测实测点不宜少于2个点；

②目测偏差较大点处，用钢直尺紧靠相邻两块饰面材料，距离接缝10mm处用楔形塞尺插入缝隙测量。

3）接缝高低差允许偏差应符合表2-5的规定。

接缝高低差允许偏差 表2-5

分项工程	骨架隔墙		板材隔墙		玻璃隔墙		光面石板	木板	内墙砖
	纸面石膏板	人造板、水泥纤维板	金属夹芯复合轻质墙板	增强水泥板、混凝土轻质板	玻璃板	玻璃砖			
允许偏差（mm）	1	1	1	3	2	3	1	1	1

（6）接缝宽度

1）接缝宽度实测实量工具应采用钢直尺。

2）接缝宽度实测实量应符合下列规定：

①相同材料、工艺和施工条件的每一面墙目测实测点不宜少于2个点；

②目测偏差较大点处，用钢直尺测量接缝宽度，与设计值比较，得出偏差值。

3）接缝宽度允许偏差应符合表 2-6 的规定。

接缝宽度允许偏差　　表 2-6

分项工程	玻璃隔墙		光面石板	木板	内墙砖
	玻璃板	玻璃砖			
允许偏差(mm)	1	—	1	1	1

（7）接缝直线度

1）接缝直线度实测实量应采用钢直尺和线径不大于 1mm 的 5m 线或激光水平仪。

2）接缝直线度实测实量应符合下列规定：

①相同材料、工艺和施工条件的每一面墙目测实测点不宜少于 2 个点，应同时包含纵向和横向接缝；

②目测纵向、横向接缝较大点处，在接缝上用激光水平仪或拉 5m 线放出基准线，用钢直尺测量接缝与基准线的距离，计算偏差值。

3）接缝直线度实测实量允许偏差应符合表 2-7 的规定。

接缝直线度实测实量允许偏差　　表 2-7

分项工程	一般抹灰		骨架隔墙		玻璃隔墙		光面石板	木板	内墙砖
	普通抹灰分隔条（缝）	高级抹灰分隔条（缝）	纸面石膏板	人造板、水泥纤维板	玻璃板	玻璃砖			
允许偏差（mm）	4	3	—	3	2	—	2	2	2

2.1.7 《建筑装饰装修机电末端综合布置技术规程》T/CBDA 27—2019（节选）

为统一建筑装饰装修工程机电末端综合布置的技术要求，满足设备的使用功能和装饰装修整体效果，做到技术先进、经济合理、安全可靠，保证建筑装饰装修工程质量，制定本规程。

本规程在编制过程中，编委会进行了广泛深入的调查研究，认真总结实践经验，吸收国内外相关标准和先进技术经验，并在广泛征求意见的基础上，通过反复讨论、修改与完善，经审查专家委员会审查定稿。

本规程的主要技术内容包括：（1）总则；（2）术语；（3）基本规定；（4）吊顶工程；（5）墙面工程；（6）地面工程；（7）细部工程等。

1. 基本规定

（1）机电末端综合布置安全应符合国家现行有关标准规定，并满足功能要求。

（2）机电末端综合布置宜在材质、颜色、规格、样式、比例及安装位置、距离、角度、排布形式等方面与装饰效果的风格、色彩、比例、材质、完整性等相协调。

（3）在建筑装饰装修工程设计阶段，应根据各专业末端布置图进行综合设计，合理安排机电末端的位置，绘制机电末端综合布置图，并经相关专业确认。

（4）机电末端的综合布置应符合下列规定：

1）应以装饰方案图为基础，综合调整机电末端位置；

2）布置宜点位整齐、间距均匀；

3）悬挂式机电末端平面及竖向位置不得与嵌入式机电末端布置相冲突；

4）机电末端不应布置在变形缝、检修口盖板上；

5）当机电末端在同一区域设置时，机电末端尺寸与板块的模数宜协调。

（5）机电末端综合布置宜采用BIM技术确定机电末端的位置关系。

（6）应依据下列内容出具机电末端综合布置图：

1）现场测量放线数据；

2）相关专业标准、规范；

3）各专业设计文件；

4）图纸会审记录。

（7）应依据机电末端综合布置图现场定位，按图施工。

（8）机电末端安装应符合下列规定：

1）应对其他设备及装饰装修面层进行成品保护；

2）不应破坏装饰装修面层的受力构件，满足受力构件的承载要求；

3）应安装牢固，与装饰装修面层的交接应吻合、严密。

（9）机电末端布置应满足方便维修更换的使用要求。

（10）宜采用集成式机电末端。

2. 吊顶工程

（1）一般规定

1）机电末端综合布置时宜避开龙骨。

2）应根据布置的需要调整各系统机电末端对应的管路。

（2）功能要求

1）通风与空调系统末端（略）。

2）建筑给水排水系统末端（略）。

3）建筑电气及智能化系统末端（略）。

（3）综合布置

1）板块面层吊顶机电末端宜布置在板块中间。

2）当机电末端的投影尺寸大于板块面积时，板块的外轮廓线宜对称协调。

3）当机电末端的重量大于3kg或机电末端有振动时，应独立设置吊架。

4）不同机电末端的布置应按机电末端设计图形综合布置，排布宜间隙均匀、整齐、协调。

5）格栅吊顶的机电末端点位宜保持格栅的完整性，与格栅之间的距离相协调、均匀。

3. 墙面工程（略）

4. 地面工程（略）

5. 细部工程

（1）一般规定

1）散热器罩、门窗套、装饰线条、花饰、检修口等饰面上不宜设置机电末端。

2）机电末端布置与细部工程发生冲突时，机电末端的调整应与吊顶工程、墙面工程、地面工程综合协调。

（2）综合布置

1）水表、阀设置在细部工程时，应预留检查口。

2）电气机电末端的布置应满足下列要求：

①储柜内外机电末端应采取防触电、防溅、防过热等安全防护措施；

②机电末端安装位置应满足储柜使用状态的操作、检修、更换；

③机电末端在储柜上的安装宜结合柜体厚度、预留管线、装修完成面和关联设施安装使用状态进行定位；

④设置电动窗帘时应预留电源，电源及窗帘杆电机宜隐蔽安装，并应采取安全防护措施，外露末端的规格和安装位置应与周围装饰协调；

⑤储柜、护栏、扶手、装饰线条、花饰、门窗套内暗藏灯光时，预留线路位置应与细部造型协调，不宜出现管线、灯具外露，并应采取防触电、防溅、防过热等安全防护措施。

3）通风空调机电末端的布置应满足下列要求：

①送、回风口的布置应避免储柜、窗帘盒、内遮阳的位置对气流、温度均匀分布的影响；

②暖风机的安装不宜遮挡装饰线条、花饰、门窗套；

③机械加压送风口不应设置在被门遮挡的部位；

④设置排风口的储柜应预留管道安装口。

4）供暖机电末端的布置应满足下列要求：

①储柜布置不应遮挡散热器；

②门斗内不得设置散热器；

③自动放气阀的下方不应设置储柜；

④散热器不应布置在湿区，应与淋浴器隔离设置；

⑤布置全面供暖的热水吊顶辐射板装置时，吊顶装饰线条应预留辐射板沿长度方向热膨胀余地。

5）住宅内燃气表安装在厨柜时，应符合下列规定：

①高位安装燃气表时，表底距地面不宜小于 1.4m；

②当燃气表装在燃气灶具上方时，燃气表与燃气灶的水平净距离不得小于 0.3m；

③低位安装时，表底距地面不得小于 0.1m。

6）家用燃气灶安装在橱柜台面上，应符合下列规定：

①燃气灶与墙面的净距离不应小于 0.1m；

②当墙面为可燃或难燃材料时，应加防火隔热板；

③燃气灶的灶面边缘和烤箱的侧壁距木质家具的净距离不应小于 0.2m，当达不到时，应加防火隔热板；

④燃气灶具的灶台高度不宜大于 0.8m；

⑤与侧面墙的净距离不应小于 0.15m；

⑥嵌入式燃气灶具与灶台连接处应做好防水密封，灶台下面的橱柜应根据气源性质在适当的位置开总面积不小于 8000mm^2 的与大气相通的通气孔；

⑦电源插座应安装在冷热水不易飞溅到的位置。

第2节 有关建筑装饰装修工程的行业标准

2.2.1 《建筑装饰装修工程成品保护技术标准》JGJ/T 427—2017（节选）

为规范建筑装饰装修工程成品保护技术要求，保障工程质量，提升装饰装修品质，提高施工标准化水平，促进绿色建造，由中国建筑装饰协会会同深圳市建筑装饰（集团）有限公司等有关单位专家，根据住房和城乡建设部《关于印发〈2015年工程建设标准规范制订、修订计划〉的通知》（建标〔2014〕189号）的要求，经调查研究，认真总结实践经验，参考国际标准和国外先进标准，并在广泛征求意见的基础上编制了本标准。

本标准共5章，主要技术内容是：（1）总则；（2）术语；（3）基本规定；（4）装饰装修工程保护措施；（5）相关专业工程保护措施。

本标准适用于建筑装饰装修工程施工阶段和保修阶段的成品保护。

1. 基本规定

（1）装饰装修工程施工和保修期间，应对所施工的项目和相关工程进行成品保护；相关专业工程施工时，应对装饰装修工程进行成品保护。

（2）装饰装修工程施工组织设计应包含成品保护方案，特殊气候环境应制定专项保护方案。

（3）装饰装修工程施工前，各参建单位应制定交叉作业面的施工顺序、配合和成品保护要求。

（4）成品保护可采用覆盖、包裹、遮搭、围护、封堵、封闭、隔离等方式。

（5）成品保护所用材料应符合国家现行相关材料规范，并符合工序质量要求。宜采用绿色、环保、可再循环使用的材料。

（6）成品保护重要部位应设置明显的保护标识。

（7）在已完工的装饰面层施工时，应采取防污染措施。

（8）成品保护过程中应采取相应的防火措施。

（9）有粉尘、喷涂作业时，作业空间的成品应做包裹、覆盖保护。

（10）在成品区域进行产生高温的施工作业时，应对成品表面采用隔离防护措施，不得将产生热源的设备或工具直接放置在装饰面层上。

（11）施工期间应对成品保护设施进行检查。对有损坏的保护设施应及时进行修复。

2. 装饰装修工程保护措施

（1）装饰面层不得接触腐蚀性物质。

（2）家具、门窗的开启部分安装完成后应采取限位措施。

（3）施工过程中应妥善保护构件保护膜，并在规定的时间内去除。

（4）在已完工区域搬运重型、大型物品时，应预先确定搬运路线，搬运路线地面上应铺设满足强度要求的保护层，顶面、墙面应根据搬运物品特性设置相应的防护装置。

（5）装饰装修工程已完工的独立空间在清洁后应进行隔离，并采取封闭、通风、加湿、除湿等保护措施。

（6）当吊顶内需要安装其他设备时，不得破坏吊杆和龙骨。吊顶内设备需检修的部位，应预留检查口。

（7）吊顶工程的封板作业应在吊顶内各设备系统安装施工完毕并通过验收后进行。

（8）当施工人员在吊顶内作业时，受力点应在主龙骨上。

（9）养护固化期间不应放置重物。

（10）在已完工地面上施工时，应采用柔性材料覆盖地面，施工通道或施工架体支承区域应再覆盖一层硬质材料。

（11）临时放置施工机具和设备时，应在底部设置防护减振材料。

（12）每阶踏步完工后，宜安装踏步护角板；梯段完工后应将每阶踏步护角板连成整体。

（13）石材地面、饰面砖地面表面清理干净后，应采用柔性透气材质完全覆盖。

（14）玻璃安装后地面不得拖拽、放置重物。

（15）木地板地面保护措施应符合下列规定。

（16）应采取遮光措施避免阳光直射木地板。

（17）胶粘块毯在胶未固化前不应踩踏。

（18）不得碾压满铺的地毯。

（19）漆膜未达到要求前不得踩踏。

（20）不得在油漆地面上拖拽物品。

（21）严禁 60℃以上的热源或尖锐物体触碰塑胶地面。

（22）隔墙龙骨施工期间应设置警示牌，不得在龙骨间隙传递材料和通行，不得对龙骨架和面板施加额外荷载。

（23）多孔介质材料在施工前不应开封，当安装完成后不能封板时，应采用塑料薄膜覆盖密封。

（24）饰面板（砖）工程中表面易受污染、碰撞损伤的部位宜先用柔性材料做面层保护，再用硬质材料围护，具体方法及措施应在施工方案中明确。

（25）安装完工后，粘结层固化前，不得剧烈振动饰面材料。

（26）需现场油漆的木饰面进场后应及时涂刷一遍底漆。

（27）应防止碱性灰浆溅到热反射镀膜玻璃的反射膜面和金属饰面上。

（28）已安装门窗框的洞口，不应再用作运料通道。当确需用作运料通道时，应采用抗压过桥保护门窗框。车辆通行和超长材料运输时宜有专人指挥。

（29）不得在安装完毕的门窗上安放施工架体、悬挂重物。施工人员不得踩踏、碰撞已安装完工的门窗。

（30）应保持门窗玻璃内外保护膜的完整，清理保护膜和污染物时，不得使用利器，不得使用对门窗框、玻璃、配件有腐蚀性的清洁剂。

（31）五金配件应与门扇同时安装，没有限位装置的门应用柔性材料限位并防止碰撞。

（32）在旋转门上方作业时，应对旋转门的框体及门扇采取保护措施，不得利用旋转门的框架作为作业平台。

（33）自动门的感应器安装后应处于关闭状态。

（34）应对完工后的抹灰与涂饰工程阳角、突出处采用硬质材料围护保护。

（35）不同材质的喷涂作业不得同时进行。

（36）有粉尘作业时，应对墙纸、壁布及软包饰面采用包裹保护。

（37）在已完工的裱糊和软包饰面开凿打洞时，应采取遮盖周边装饰面、接灰、防水等保护措施。

（38）不得在已安装完毕的固定家具台面、隔板上放置物品，抽屉、柜门应处于闭合状态。

（39）窗帘盒、窗台板及门窗套安装完工后，应对有可能受到碰撞的部位进行保护。

（40）按工艺要求在现场油漆的木制品、金属制品等，进场后应先涂刷一道底漆。

（41）施工设备拆除时应有防止碰撞幕墙的措施。

（42）不得在防水层上剔凿、开洞、钻孔以及进行电气焊等高温作业。

（43）严禁重物、带尖物品等直接放置在防水层表面，施工人员不得穿硬底鞋在涂膜防水层上作业。

（44）在有防水层的结构上进行埋件施工时，应根据楼板厚度和防水层位置，设置钻孔深度限位，不得破坏防水层。

3. 相关专业工程保护措施

（1）装饰装修工程施工过程中不得损坏主体结构、设备系统等其他分部分项工程成品；结构、设备系统施工不得损坏装饰装修工程成品。

（2）不得在设备上方进行施工作业。当确需在设备上方进行施工作业时，应在设备上方覆盖硬质材料进行防护，不得踩踏设备和管线。当设备可能承受荷载或外力撞击时，应采用硬质材料围护，并应设防碰撞标识。

（3）施工架体不得搭靠在管道或设备上。

（4）主体结构上吊挂物、固定物的荷载不得对主体结构安全产生影响。

（5）施工临时荷载不得超过设计荷载。

（6）严禁在预应力构件上进行开凿、打孔、焊接等作业。

（7）不得对施工完毕的保温墙体擅自开凿孔洞。当确需开洞时，应在外保温抗裂砂浆或抹面砂浆达到设计强度后进行。

（8）不得在安装好的托、吊管道上搭设架体或吊挂物品。

（9）不得碰撞和踩踏各种管道。

（10）不得在地暖铺管区域地面上钻孔、打钉、切割、电气焊等操作施工。

（11）卫生器具上不得放置无关物品。

（12）管道刷漆时应采取措施防止污染装饰层。

（13）装饰装修工程施工时，严禁在风管上放置材料及工具。

（14）抹灰、垫层、镶贴等工程施工前，基层内预埋的穿线盒、暗装配电箱、地面暗装插座等应做临时封堵。

（15）当末端装置安装完成后装饰装修工程仍需进行局部调整施工时，应重新检查作业区域内已安装完成的末端装置的保护措施。

（16）电梯轿厢的立面、顶面宜采用硬质板材覆盖。

（17）电梯控制面板表面保护膜应至少保留至工程交付。

（18）运料电梯的门槛应设置抗压过桥保护。

（19）电梯口应做临时挡水台。

（20）电梯周边应采取找坡等防水措施，不得大范围用水作业。

（21）在扶梯上方施工时应在扶梯及人行道上铺设板材并固定牢固。若需在扶梯上方搭设施工架体，扶梯及自动人行道不得承重，施工架体不得与扶梯及自动人行道接触。

其他技术内容和要求详见《建筑装饰装修工程成品保护技术标准》JGJ/T 427—2017。

2.2.2 《住宅建筑室内装修污染控制技术标准》JGJ/T 436—2018（节选）

为预防和控制住宅中装饰装修引起的室内环境污染，保障居住者健康，做到技术先进、经济合理、安全适用、确保质量，深圳建筑科学研究院股份有限公司会同有关单位专家，经调查研究，认真总结实践经验，参考国际标准和国外先进标准，并在广泛征求意见的基础上编制了本标准。

本标准共 6 章，主要技术内容是：（1）总则；（2）术语和符号；（3）基本规定；（4）污染物控制设计；（5）施工阶段污染物控制；（6）室内空气质量检测与验收。

本标准适用于住宅室内装饰装修材料引起的空气污染物控制。

基本规定

（1）住宅装饰装修可分为专业施工单位承建的装饰装修工程阶段和工程完成后业主自行添置活动家具阶段。

（2）空调、消防等其他专业工程应选用符合环保要求的材料，且不应对室内空气质量产生不利影响。

（3）本标准控制的室内空气污染物应主要包括甲醛、苯、甲苯、二甲苯、总挥发性有机化合物（简称 TVOC）。

（4）材料的型式检验报告、进场复检报告应包括污染物释放率检测结果，不同材料对应的污染物检测参数应符合表 2-8 的规定。

材料应控制释放率的污染物　　表 2-8

类型＼污染物	甲醛	苯	甲苯	二甲苯	TVOC
木地板	●○	—	—	—	●○
人造板及饰面人造板	●○	—	—	—	●○
木制家具	●○	●	●	●	●
卷材地板	—	—	—	—	●○
墙纸	●○	—	—	—	—
地毯	●○	●	●	●	●○
水性涂料	●○	●	●	●	●○
溶剂型涂料	—	●	●	●	●○
水性胶粘剂	●○	●	●	●	●○
溶剂型胶粘剂	—	●	●	●	●○

注：1. ●表示型式检验项目；
2. ○表示进场复检项目；
3. —表示不需要。

（5）室内装修施工材料使用应符合下列规定：

1）室内装修时不得使用苯、工业苯、石油苯、重质苯及混苯作为稀释剂和溶剂；

2）木地板及其他木质材料不得采用沥青、煤焦油类作为防腐、防潮处理剂；

3）不得使用以甲醛作为原料的胶粘剂；

4）不得采用溶剂型涂料如光油作为防潮基层材料。

（6）室内装饰装修施工时，不应使用苯、甲苯、二甲苯及汽油进行除油和清除旧油漆作业。

（7）室内不应使用有机溶剂清洗施工、保洁用具。

（8）室内装饰装修工程的室内空气质量检测宜在工程完工 7d 后进行。

（9）室内空气污染物浓度的验收应抽检工程有代表性的房间，抽检比例应符合下列规定：

1）无样板间的项目，抽检套数不得少于住宅套数的 5%，且不应少于 3 套，当套数少于 3 套时，应全数抽检；

2）有样板间的项目，且室内空气污染物浓度检测结果符合控制要求时，抽检量可减半，但不应少于 3 套，当套数少于 3 套时，应全数抽检；

3）每套住宅内应对卧室、起居室、厨房等不同功能房间进行检测；

4）检测时待测房间污染物检测点数的设置应符合表 2-9 的规定；

待测房间检测点数设置 表 2-9

房间使用面积(m^2)	检测点数(个)
<50	1
≥50	2

5）检测采样应在关闭门窗 1h 后进行，采样时应关闭门窗，且采样时间不应少于 20min；

6）空气质量检测宜同时测量室内空气温度和通风换气次数，并应在室内空气质量检测报告中标注测量结果。

其他具体的技术内容和检测与验收标准详见《住宅建筑室内装修污染控制技术标准》JGJ/T 436—2018。

2.2.3 《装配式整体卫生间应用技术标准》JGJ/T 467—2018（节选）

为规范装配式整体卫生间的应用，按照适用、经济、安全、绿色、美观的要求，全面提升装配式整体卫生间的工程质量，中国建筑标准设计研究院有限公司会同中大建设有限公司等有关单位专家，经广泛调查研究，认真总结实践经验，参考有关国外先进标准，并在广泛征求意见的基础上，编制了本标准。

本标准的主要技术内容是：（1）总则；（2）术语；（3）基本规定；（4）材料；（5）设计选型；（6）生产运输；（7）施工安装；（8）质量验收；（9）使用维护。

本规程适用于民用建筑装配式整体卫生间的设计选型、生产运输、施工安装、质量验收及使用维护。

2.2.4 《建筑玻璃采光顶技术要求》JG/T 231—2018（节选）

新版《建筑玻璃采光顶技术要求》JG/T 231—2018 相比《建筑玻璃采光顶》JG/T 231—2007 主要技术内容调整如下：

1. 术语和定义

建筑玻璃采光顶：由玻璃面板和支撑体系所组成的与水平面的夹角小于 75°的围护结构、装饰性结构及雨篷的总称。

太阳得热系数：通过透光围护结构的太阳辐射室内得热量（包括太阳辐射通过辐射投射的得热量和太阳辐射被构件吸收再传入室内的得热量部分）与投射到透光围护结构外表面上的太阳辐射量的比值。

2. 标记方法

标记由玻璃采光顶产品代号（CGD）、标准号、支承结构类别代号、开合类别代号、封闭类别代号及主参数（结构性能）组成（图 2-1）。

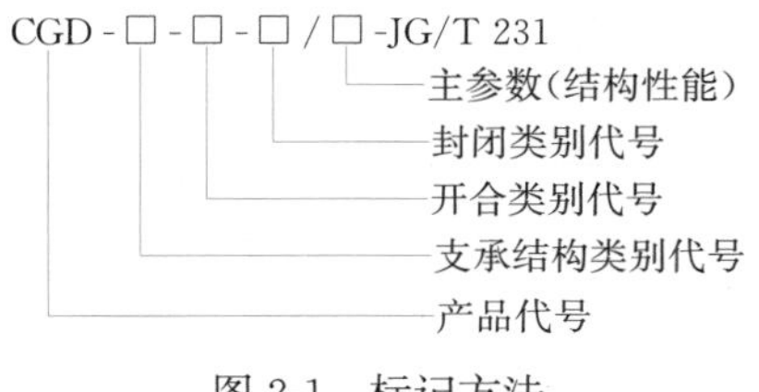

图 2-1　标记方法

3. 光伏构件

（1）玻璃采光顶用太阳能光伏构件应符合现行标准《建筑用光伏构件通用技术要求》JG/T 492 的要求，光伏夹层玻璃应符合现行标准《建筑用太阳能光伏夹层玻璃》GB/T 29551 的要求，光伏中空玻璃应符合现行标准《建筑用太阳能光伏中空玻璃》GB/T 29759 的要求。

（2）薄膜光伏构件应符合现行标准《地面用薄膜光伏组件 设计鉴定和定型》GB/T 18911 的规定。

（3）晶体硅光伏构件应符合现行标准《地面用晶体硅光伏组件 设计鉴定和定型》GB/T 9535 的规定。

（4）其他形式光伏构件应符合现行标准《建筑用安全玻璃 第 3 部分：夹层玻璃》GB 15763.3 规定的抗冲击性能的要求。

（5）光伏构件上应标有电极标识，表面不应有直径大于 3mm 的斑点、明显的彩虹和色差。

（6）光伏构件接线盒、快速接头、逆变器、集线箱、传感器、并网设备、数据采集器和通信监控系统应符合现行标准《民用建筑太阳能光伏系统应用技术规范》JGJ 203 的规定，连接用线、电缆应符合现行标准《光伏（PV）组件安全鉴定 第 1 部分：结构要求》GB/T 20047.1 的规定，且应满足设计要求。

（7）光伏构件用聚乙烯醇缩丁醛（PVB）胶片应符合现行标准《建筑光伏组件用聚乙烯醇缩丁醛（PVB）胶膜》JG/T 449 的规定，并满足设计要求。

4. 遮阳材料

玻璃采光顶用天蓬帘、软卷帘应分别符合现行标准《建筑用遮阳天蓬帘》JG/T 252 和《建筑用遮阳软卷帘》JG/T 254 的规定。

5. 结构性能要求

（1）玻璃采光顶结构性能应包括可能承受的风荷载、积水荷载、雪荷载、冰荷载、遮阳装置及照明装置荷载、活荷载及其他荷载，应按现行标准《建筑结构荷载规范》GB 50009 和《建筑抗震设计规范（2016 年版）》GB 50011 的规定对玻璃采光顶承受的各种荷载和作用以垂直于玻璃采光顶的方向进行组合，并取最不利工况下的组合荷载标准值为玻璃采光顶结构性能指标。

（2）玻璃采光顶结构性能分级应符合表 2-10 的规定。在相应结构性能分级指标作用下，玻璃采光顶应符合下列要求：

1）结构构件在垂直于玻璃采光顶构件平面方向的相对挠度应大于 1/200；

2）玻璃板表面不应积水，相对挠度不应大于计算边长的 1/80，绝对挠度宜不大于 20mm；

3）玻璃采光顶不应发生损坏或功能性障碍。

结构性能分级表　　表 2-10

分级代号	1	2	3	4	5	6	7	8	9
分级指标值 S_k/kPa	$1.0 \leqslant S_k < 1.5$	$1.5 \leqslant S_k < 2.0$	$2.0 \leqslant S_k < 2.5$	$2.5 \leqslant S_k < 3.0$	$3.0 \leqslant S_k < 3.5$	$3.5 \leqslant S_k < 4.0$	$4.0 \leqslant S_k < 4.5$	$4.5 \leqslant S_k < 5.0$	$S_k \geqslant 5.0$

注：1. 各级均需同时标注 S_k 的实测值。
2. 分级指标值 S_k 为绝对值。

6. 水密性能要求

水密性分级指标（ΔP）应符合表 2-11 的规定。

玻璃采光顶水密性能分级表　　表 2-11

分级代号		1	2	3	4
分级指标值 ΔP/Pa	固定部分	$\Delta P=0$	$1000 \leqslant \Delta P < 1500$	$1500 \leqslant \Delta P < 2000$	$\Delta P \geqslant 2000$
	可开启部分	$\Delta P=0$	$500 \leqslant \Delta P < 700$	$700 \leqslant \Delta P < 1000$	$\Delta P \geqslant 1000$

注：1. ΔP 为测试结果满足委托要求的水密性能检测指标压力差值。
2. 各级下均需同时标注 ΔP 的实测值。

7. 保温性能要求

玻璃采光顶保温性能以传热系数（K）和抗结露因子（CRF）表示。抗结露因子是玻璃采光顶阻抗室内表面结露能力的指标。指在稳定传热状态下，试件热侧表面与室外空气温度差和室内外空气温度差的比值。传热系数（K）分级见表 2-12，抗结露因子（CRF）分级见表 2-13。

玻璃采光顶传热系数分级表　　表 2-12

分级	1	2	3	4	5	6	7	8
分级指标值 K/[W/(m^2·K)]	$K>5.0$	$5.0 \geqslant K > 4.0$	$4.0 \geqslant K > 3.0$	$3.0 \geqslant K > 2.5$	$2.5 \geqslant K > 2.0$	$2.0 \geqslant K > 1.5$	$1.5 \geqslant K > 1.0$	$K \leqslant 1.0$

玻璃采光顶抗结露因子分级表　　表 2-13

分级	1	2	3	4	5	6	7	8
分级指标值 CRF	$CRF \leqslant 40$	$40 < CRF \leqslant 45$	$45 < CRF \leqslant 50$	$50 < CRF \leqslant 55$	$55 < CRF \leqslant 60$	$60 < CRF \leqslant 65$	$65 < CRF \leqslant 70$	$CRF > 75$

8. 隔热性能要求

玻璃采光顶隔热性能以太阳得热系数（*SHGC*，也称太阳能总透射比）表示，分级指标应符合表 2-14 的规定。

玻璃采光顶太阳得热系数分级表　表 2-14

分级	1	2	3	4	5	6	7
分级指标值 *SHGC*	$0.8 \geqslant SHGC > 0.7$	$0.7 \geqslant SHGC > 0.6$	$0.6 \geqslant SHGC > 0.5$	$0.5 \geqslant SHGC > 0.4$	$0.4 \geqslant SHGC > 0.3$	$0.3 \geqslant SHGC > 0.2$	$SHGC \leqslant 0.2$

9. 光热性能要求

玻璃采光顶光热性能以光热比（r 或 LSG）表示，光热比 r 或 LSG 为可见光透射比 τ_v 和太阳能总透射比 g 的比值，即 $r=\tau_v/g$。分级应符合表 2-15 的规定。

光热性能分级表　表 2-15

分级	1	2	3	4	5	6	7	8
光热比 r	$r<1.1$	$1.1 \leqslant r < 1.2$	$1.2 \leqslant r < 1.3$	$1.3 \leqslant r < 1.4$	$1.4 \leqslant r < 1.5$	$1.5 \leqslant r < 1.7$	$1.7 \leqslant r < 1.9$	$r \geqslant 1.9$

10. 热循环性能要求

（1）热循环试验中试件不应出现结露现象，无功能障碍或损坏。

（2）玻璃采光顶的热循环性能应满足下列要求：

1）热循环试验至少三个周期；

2）试验前后玻璃采光顶的气密、水密性能指标不应出现级别下降。

11. 采光性能要求

玻璃采光顶采光性能以透光折减系数 T_r 和颜色透射指数 R_a 作为分级指标，透光折减系数 T_r 分级指标应符合表 2-16 的规定，颜色透射指数 R_a 应符合表 2-17 的规定。有辨色要求的玻璃采光顶的颜色透射指数 R_a 不低于 80。

玻璃采光顶透光折减系数分级表　表 2-16

分级代号	1	2	3	4	5
分级指标值 T_r	$0.20 \leqslant T_r < 0.30$	$0.30 \leqslant T_r < 0.40$	$0.40 \leqslant T_r < 0.50$	$0.50 \leqslant T_r < 0.60$	$T_r \geqslant 0.60$

注：T_r 为透射漫射光照度与漫射光照度之比，5 级时需同时标注 T_r 的实测值。

玻璃采光顶颜色透射指数分级　表 2-17

分级	1		2		3	4
	A	B	A	B		
R_a	$R_a \geqslant 90$	$80 \leqslant R_a < 90$	$70 \leqslant R_a < 80$	$60 \leqslant R_a < 70$	$40 \leqslant R_a < 60$	$20 \leqslant R_a < 40$

12. 抗冲击性能要求

（1）抗软重物撞击性能

抗软重物冲击性能以撞击能量 E 和撞击物理的降落高度 H 作为分级指标，玻璃采光顶的抗软重物撞击性能分级指标应符合表 2-18 的规定。

建筑玻璃采光顶抗软重物撞击性能分级　表 2-18

分级指标		1	2	3	4
室外侧	撞击能量 E(N·m)	300	500	800	>800
	降落高度 H(mm)	700	1100	1800	>1800

注：当室外侧定级值为 4 级时标注撞击能力实际测试值。例如：室外侧 1900N·m。

（2）抗硬重物撞击性能

当玻璃采光顶面板材料为夹层玻璃时，抗硬重物冲击性能检测后夹层玻璃下层玻璃不应发生破坏。当玻璃采光顶面板材料为含夹层玻璃的中空玻璃或夹层真空玻璃时，抗硬重物冲击性能检测后夹层玻璃下层玻璃不应发生破坏。

（3）抗风携碎物冲击性能

玻璃采光顶的抗风携碎物冲击性能以发射物的质量和冲击速度作为分级指标，其分级指标应符合表 2-19 的规定。

建筑玻璃采光顶抗风携碎物冲击性能分级　表 2-19

分级		1	2	3	4	5
发射物	材质	钢珠	木块	木块	木块	木块
	长度	—	0.53m±0.05m	1.25m±0.05m	2.42m±0.05m	2.42m±0.05m
质量		2.0g±0.1g	0.9kg±0.1kg	2.1kg±0.1kg	4.1kg±0.1kg	4.1kg±0.1kg
速度		39.6m/s	15.3m/s	12.2m/s	15.3m/s	24.4m/s

13. 电气性能要求

具有光伏发电功能的玻璃采光顶，光伏构件的电气性能以最大功率、绝缘耐压、湿漏电流和湿冻试验表示，试验前后均应满足设计要求，且最大功率衰减不应超过初始试验的 5%。

2.2.5 《建筑防护栏杆技术标准》JGJ/T 470—2019（节选）

1. 前言

根据住房和城乡建设部《关于印发〈2012 年工程建设标准规范制订修订计划〉的通知》（建标〔2012〕5 号）的要求，标准编制组经广泛调查研究，认真总结实践经验，参考有关国际标准和国外先进标准，并在广泛征求意见的基础上，编制本标准。

本标准的主要技术内容是：（1）总则；（2）术语；（3）材料；（4）设计；（5）加工制作；（6）安装施工；（7）工程验收；（8）维护。

2. 总则

（1）为规范建筑防护栏杆的设计、施工和验收，做到安全适用、技术先进、经济合理，制定本标准。

（2）本标准适用于建筑防护栏杆的设计、制作、施工、验收和维护。

（3）建筑防护栏杆工程除应符合本标准外，尚应符合国家现行有关标准的规定。

3. 设计

一般规定

（1）建筑防护栏杆应进行结构设计。

（2）建筑防护栏杆构件应满足承载力、刚度、稳定性的要求。

（3）建筑防护栏杆各部位的构造应避免对人体产生伤害，且应便于清洁、维护、更换。

（4）建筑防护栏杆宜采用装配式，宜减少施工现场的焊接接头。

（5）金属构件的厚度应符合下列规定：

1）不锈钢管立柱的壁厚不应小于2.0mm，不锈钢单板立柱的厚度不应小于8.0mm，不锈钢双板立柱的厚度不应小于6.0mm，不锈钢管扶手的壁厚不应小于1.5mm；

2）镀锌钢管立柱的壁厚不应小于3.0mm，镀锌钢单板立柱的厚度不应小于8.0mm，镀锌钢双板立柱的厚度不应小于6.0mm，镀锌钢管扶手的壁厚不应小于2.0mm；

3）铝合金管立柱的壁厚不应小于3.0mm，铝合金单板立柱的厚度不应小于10.0mm，铝合金双板立柱的厚度不应小于8.0mm，铝合金管扶手的壁厚不应小于2.0mm。

（6）玻璃栏板上不宜雕刻花纹。

（7）玻璃栏板应考虑施工误差、温度、应力集中等对玻璃的影响。采用点支承结构时，玻璃栏板驳接头与玻璃之间应设置弹性材料的衬垫和衬套，衬垫和衬套的厚度不宜小于1mm，且连接部位应可调节。

（8）玻璃栏板采用两边支承时，玻璃嵌入量不应小于15mm；采用四边支承时，玻璃嵌入量不应小于12mm。

（9）室外金属防护栏杆应进行防雷设计，并应符合现行国家标准《建筑物防雷设计规范》GB 50057的有关规定。

4. 加工制作（略）

5. 安装施工（略）

6. 工程验收

一般规定

（1）建筑防护栏杆工程验收应符合现行国家标准《建筑工程施工质量验收统一标准》GB 50300和《建筑装饰装修工程质量验收标准》GB 50210的有关规定。

（2）建筑防护栏杆工程验收时，应根据工程实际情况提交下列资料的部分或全部：

1）建筑防护栏杆工程的竣工图或施工图、设计变更文件及其他设计文件；

2）建筑防护栏杆工程所用材料、附件、连接件、紧固件、构件及组件的产品合格证书、检测报告和进场验收记录；

3）后锚固件现场抗拔或抗剪检测报告；

4）抗水平荷载性能、抗垂直荷载性能、抗硬物撞击性能、抗风压性能、抗水平反复荷载性能和防护栏杆间隙检测报告，已经定型的产品可提交产品型式检验报告；

5）抗软重物体撞击性能现场检测报告；

6）玻璃的落球冲击剥离性能检测报告；

7）金属防腐涂料涂层干漆膜厚度检测报告；

8）等电位连接导通测试记录和接地电阻测试记录；

9）隐蔽工程验收文件；

10）建筑防护栏杆使用维护说明书；

11）其他质量保证资料。

（3）建筑防护栏杆工程验收前，应在安装施工过程中完成下列隐蔽项目的验收：

1）预埋件或后锚固件验收；

2）构件与主体结构的连接节点验收；

3）构件之间的连接节点验收；

4）防雷装置验收。

2.2.6 《玻璃幕墙工程质量检验标准》JGJ/T 139—2020（节选）

1. 前言

根据住房和城乡建设部《关于印发〈2015年工程建设标准规范制订、修订计划〉的通知》（建标〔2014〕189号）的要求，标准编制组经广泛调查研究，认真总结实践经验，参考有关国际标准和国外先进标准，并在广泛征求意见的基础上，修订了本标准。

本标准的主要技术内容是：（1）总则；（2）材料现场检验；（3）防火检验；（4）防雷检验；（5）节点与连接检验；（6）安装质量检验。

本标准修订的主要技术内容是：（1）扩大了标准的适用范围；（2）增加了检验技术：全玻幕墙的玻璃加工质量检验、幕墙预埋系统现场拉拔检验方法、玻璃幕墙物理四性现场检验方法；（3）依据新版设计规范对部分章节的检验技术要求进行了修订：修订幕墙用钢化玻璃及半钢化玻璃表面应力值的要求，修订硅酮结构胶粘结情况及力学性能现场检验方法。

2. 总则

（1）为统一玻璃幕墙工程质量检验的方法，保证玻璃幕墙工程质量，制定本标准。

（2）本标准适用于新建、既有及维修改造的建筑玻璃幕墙工程质量检验。

（3）玻璃幕墙工程质量检验除应符合本标准外，尚应符合国家现行有关标准的规定。

3. 材料现场检验

（1）一般规定

1）新建及维修改造的玻璃幕墙工程材料现场的检验，应将同一厂家生产的同一型号、规格、批号的材料作为一个检验批，每批应随机抽取3%且不得少于5件。既有玻璃幕墙检验批最小样本容量应按现行国家标准《建筑结构检测技术标准》GB/T 50344的规定执行；检验记录应按本标准附录A执行。

2）玻璃幕墙工程中所用的材料除应符合本标准的规定外，尚应符合工程设计要求及国家现行有关产品标准的规定。

（2）铝合金型材

玻璃幕墙工程使用的铝合金型材，应进行壁厚、膜厚、硬度和表面质量的检验。

（3）钢材

玻璃幕墙工程使用的钢材，应进行膜厚和表面质量的检验。

（4）玻璃

玻璃幕墙工程使用的玻璃，应进行种类、外观质量、边部加工质量、厚度、边长和应力的检验。

（5）硅酮结构胶及密封材料

玻璃幕墙用硅酮结构胶应对外观质量、注胶状态及尺寸、粘结性、相容性进行现场检验，检验应符合下列规定：

1）硅酮结构胶切开的截面应颜色均匀，注胶应饱满、密实；

2）硅酮结构胶的粘结宽度和厚度应符合现行行业标准《玻璃幕墙工程技术规范》JGJ 102 的规定并满足设计要求；

3）硅酮结构胶的粘结性和相容性应符合现行国家标准《建筑用硅酮结构密封胶》GB 16776 的规定；

4）硅酮结构胶的邵氏硬度、标准状态拉伸粘结性能应在使用前进行复验。

（6）五金件及其他配件

五金件外观的检验，应符合下列规定：

1）玻璃幕墙中与铝合金型材接触的五金件应采用不锈钢材或铝制品，否则应加设绝缘垫片或采取其他防腐蚀措施；

2）除不锈钢外，其他钢材应进行表面热浸镀锌或其他满足设计要求的防腐处理。

（7）质量保证资料

1）铝合金型材的检验，应提供下列资料：

①型材产品合格证；

②型材力学性能检验报告。

2）钢材的检验，应提供下列资料：

①钢材产品合格证；

②钢材力学性能检验报告。

3）玻璃的检验，应提供下列资料：

①玻璃产品合格证、检验报告；

②阳光控制镀膜玻璃、低辐射镀膜玻璃应有光学性能检验报告；

③进口玻璃应有国家商检部门的商检证。

4）硅酮结构胶及密封材料的检验，应提供下列资料：

①硅酮胶结构剥离试验记录；

②每批硅酮结构胶的质量保证书和产品合格证；

③硅酮结构胶、密封胶与实际工程用基材的相容性检验报告；

④密封材料及衬垫材料产品合格证。

5）五金件及其他配件的检验，应提供下列资料：

①钢材产品合格证；

②连接件产品合格证；

③镀锌或其他防腐工艺处理质量证书；

④螺栓、螺母、门窗五金件各自产品合格证、检验报告；

⑤门窗配件产品合格证；

⑥铆钉力学性能检验报告。

4. 防火检验（略）

5. 防雷检验（略）

6. 节点与连接检验（略）

7. 安装质量检验（略）

第3节 有关建筑装饰装修工程的国家标准

2.3.1 《建筑装饰装修工程质量验收标准》GB 50210—2018（节选）

1. 前言

根据住房和城乡建设部《关于印发〈2011年工程建设标准规范制订、修订计划〉的通知》（建标〔2011〕17号）的要求，中国建筑科学研究院会同有关单位，在《建筑装饰装修工程质量验收规范》GB 50210—2001的基础上修订本规范。

本规范修订的主要技术内容是：新增了外墙防水工程一章；新增了保温层薄抹灰工程一节；将原饰面板（砖）工程一章分成饰面板工程、饰面砖工程两章，其中饰面砖工程包含外墙饰面砖粘贴工程和内墙饰面砖粘贴工程；将吊顶工程一章分成整体面层吊顶工程、板块面层吊顶工程和格栅吊顶工程；木门窗制作与安装工程删除了木门窗制作相关条文；窗帘盒、窗台板和散热器罩制作与安装工程删除了散热器罩制作与安装相关条文；其他章节也进行了修改。

本标准第3.1.4、6.1.11、6.1.12、7.1.12、11.1.12条为强制性条文，必须严格执行。

本规范的强制性条文有：

3.1.4 既有建筑装饰装修工程设计涉及主体和承重结构变动时，必须在施工前委托原结构设计单位或者具有相应资质条件的设计单位提出设计方案，或由检测鉴定单位对建筑结构的安全性进行鉴定。

6.1.11 建筑外门窗安装必须牢固。在砌体上安装门窗严禁采用射钉固定。

6.1.12 推拉门窗扇必须牢固，必须安装防脱落装置。

7.1.12 重型设备和有振动荷载的设备严禁安装在吊顶工程的龙骨上。

11.1.12 幕墙与主体结构连接的各种预埋件，其数量、规格、位置和防腐处理必须符合设计要求。

2. 总则

（1）为了统一建筑装饰装修工程的质量验收，保证工程质量，制定本规范。

（2）本规范适用于新建、扩建、改建和既有建筑的装饰装修工程的质量验收。

（3）本标准应与现行国家标准《建筑工程施工质量验收统一标准》GB 50300配套使用。

（4）建筑装饰装修工程的质量验收除应执行本标准外，尚应符合国家现行有关标准的规定。

3. 基本规定

（1）设计

1）建筑装饰装修工程应进行设计，并应出具完整的施工图设计文件。

2）建筑装饰装修设计应符合城市规划、防火、环保、节能、减排等有关规定。建筑装饰装修耐久性应满足使用要求。

3）承担建筑装饰装修工程设计的单位应对建筑物进行了解和实地勘察，设计深度应满足施工要求。由施工单位完成的深化设计应经建筑装饰装修设计单位确认。

4）既有建筑装饰装修工程设计涉及主体和承重结构变动时，必须在施工前委托原结构设计单位或者具有相应资质条件的设计单位提出设计方案，或由检测鉴定单位对建筑结构的安全性进行鉴定。（强制性条文）

5）建筑装饰装修工程的防火、防雷和抗震设计应符合现行国家标准的规定。

6）当墙体或吊顶内的管线可能产生冰冻或结露时，应进行防冻或防结露设计。

（2）材料

1）建筑装饰装修工程所用材料的品种、规格和质量应符合设计要求和国家现行标准的规定。不得使用国家明令淘汰的材料。

2）建筑装饰装修工程所用材料的燃烧性能应符合现行国家标准《建筑内部装修设计防火规范》GB 50222 和《建筑设计防火规范（2018 年版）》GB 50016 的规定。

3）建筑装饰装修工程所用材料应符合国家有关建筑装饰装修材料有害物质限量标准的规定。

4）建筑装饰装修工程采用的材料、构配件应按进场批次进行检验。属于同一工程项目且同期施工的多个单位工程，对同一厂家生产的同批材料、构配件、器具及半成品，可统一划分检验批对品种、规格、外观和尺寸等进行验收，包装应完好，并应有产品合格证书、中文说明书及性能检验报告，进口产品应按规定进行商品检验。

5）进场后需要进行复验的材料种类及项目应符合本标准各章的规定，同一厂家生产的同一品种、同一类型的进场材料应至少抽取一组样品进行复验，当合同另有更高要求时应按合同执行。抽样样本应随机抽取，满足分布均匀、具有代表性的要求，获得认证的产品或来源稳定且连续三批均一次检验合格的产品，进场验收时检验批的容量可扩大一倍，且仅可扩大一次。扩大检验批后的检验中，出现不合格情况时，应按扩大前的检验批容量重新验收，且该产品不得再次扩大检验批容量。

6）当国家规定或合同约定应对材料进行见证检验时，或对材料质量发生争议时，应进行见证检验。

7）建筑装饰装修工程所使用的材料在运输、储存和施工过程中，应采取有效措施防止损坏、变质和污染环境。

8）建筑装饰装修工程所使用的材料应按设计要求进行防火、防腐和防虫处理。

（3）施工

1）施工单位应编制施工组织设计并经过审查批准。施工单位应按有关的施工工艺标准或经审定的施工技术方案施工，并应对施工全过程实行质量控制。

2）承担建筑装饰装修工程施工的人员上岗前应进行培训。

3）建筑装饰装修工程施工中，不得违反设计文件擅自改动建筑主体、承重结构或主要使用功能。

4）未经设计确认和有关部门批准，不得擅自拆改主体结构和水、暖、电、燃气、通信等配套设施。

5）施工单位应采取有效措施控制施工现场的各种粉尘、废气、废弃物、噪声、振动等对周围环境造成的污染和危害。

6）施工单位应建立有关施工安全、劳动保护、防火和防毒等管理制度，并应配备必要的设备、器具和标识。

7）建筑装饰装修工程应在基体或基层的质量验收合格后施工。对既有建筑进行装饰装修前，应对基层进行处理。

8）建筑装饰装修工程施工前应有主要材料的样板或做样板间（件），并应经有关各方确认。

9）墙面采用保温隔热材料的建筑装饰装修工程，所用保温隔热材料的类型、品种、规格及施工工艺应符合设计要求。

10）管道、设备安装及调试应在建筑装饰装修工程施工前完成；当必须同步进行时，应在饰面层施工前完成。装饰装修工程不得影响管道、设备等的使用和维修。涉及燃气管道和电气工程的建筑装饰装修工程施工应符合有关安全管理的规定。

11）建筑装饰装修工程的电气安装应符合设计要求。不得直接埋设电线。

12）隐蔽工程验收应有记录，记录应包含隐蔽部位照片。施工质量的检验批验收应有现场检查原始记录。

13）室内外装饰装修工程施工的环境条件应满足施工工艺的要求。

14）建筑装饰装修工程施工过程中应做好半成品、成品的保护，防止污染和损坏。

15）建筑装饰装修工程验收前应将施工现场清理干净。

4. 建筑装饰装修工程的子分部工程、分项工程划分

根据本标准，建筑装饰装修工程的子分部工程、分项工程应按表 2-20 划分。

建筑装饰装修工程的子分部工程、分项工程划分　　表 2-20

项次	子分部工程	分项工程
1	抹灰工程	一般抹灰，保温层薄抹灰，装饰抹灰，清水砌体勾缝
2	外墙防水工程	外墙砂浆防水，涂膜防水，透气膜防水
3	门窗工程	木门窗安装，金属门窗安装，塑料门窗安装，特种门安装，门窗玻璃安装
4	吊顶工程	整体面层吊顶，板块面层吊顶，格栅吊顶
5	轻质隔墙工程	板材隔墙，骨架隔墙，活动隔墙，玻璃隔墙
6	饰面板工程	石板安装，陶瓷板安装，木板安装，金属板安装，塑料板安装
7	饰面砖工程	外墙饰面砖粘贴，内墙饰面砖粘贴
8	幕墙工程	玻璃幕墙安装、金属幕墙安装、石材幕墙安装，陶板幕墙安装
9	涂饰工程	水性涂料涂饰，溶剂型涂料涂饰，美术涂饰
10	裱糊与软包工程	裱糊，软包
11	细部工程	橱柜制作与安装，窗帘盒和窗台板制作与安装，门窗套制作与安装，护栏和扶手制作与安装，花饰制作与安装
12	建筑地面工程	基层，整体面层，板块面层，竹木面层

5. 对新修订的本规范认识

住房和城乡建设部 2018 年 2 月 8 日批准新修订的国家标准《建筑装饰装修工程质量验收标准》GB 50210—2018 自 2018 年 9 月 1 日起实施，这对当前我国大力推行的绿色装修、工厂化预制饰面装配施工、住宅工程全装修等都是重大利好，体现出住房和城乡建设部“围绕提高建筑品质和绿色发展水平，针对门窗、防水、装饰装修等重点标准，研究相关措施，精准发力”的精神。

新修订的《建筑装饰装修工程质量验收标准》GB 50210—2018 在抹灰工程、外墙防水工程、门窗工程、吊顶工程、轻质隔墙工程、饰面板工程、饰面砖工程、幕墙工程、涂饰工程、裱糊与软包工程、细部工程中对有可能严重污染室内环境的装饰装修材料都明确提出了材料有害物质释放量复验要求，与国家标准《民用建筑工程室内环境污染控制标准》GB 50325 无缝对接，使绿色建筑落在实处，有效保证了人民工作居住环境健康安全。

新修订的标准摈弃了过去现场配制水泥砂浆污染环境的落后工艺，删除了工艺落后且不环保的木门窗现场制作相关条文，删除了影响散热，不利于节能的散热器罩制作与安装相关条文，要求所有装饰装修材料均为工厂化产品，要满足产品标准，所有的预制装饰装修材料安装装配施工质量验收都有明确要求，预制装配构件中的抹灰找平、面层涂饰、饰面材料安装等都可以按照标准相应的分项工程验收要求进行控制，为绿色施工、装配式施工保驾护航。

新修订的标准增加了外墙防水工程验收要求，改变了外墙大量渗漏水严重影响正常使用无处管的局面，填补了空白，为有效解决外墙渗漏水难题创造了条件。保温层薄抹灰不利于养护的构造，加上聚合物砂浆保水率得不到有效监控，导致保水性差的聚合物砂浆也免水养护出现大量抹灰层养护不良强度差、面层开裂脱层、渗漏水，造成难以维修不可挽回的损失，新标准增加了保温层薄抹灰工程验收要求，要求对聚合物砂浆保水率进行复验，强化对保温层薄抹灰的重视，解决保温层薄抹灰养护不良难题。

新修订的标准将吊顶工程划分成整体面层吊顶工程、板块面层吊顶工程和格栅吊顶工程，根本上改变了原规范吊顶按明龙骨吊顶和暗龙骨吊顶的不科学划分。新标准将原饰面板（砖）工程拆分成饰面板工程、饰面砖工程，其中饰面砖工程包含外墙饰面砖粘贴工程和内墙饰面砖粘贴工程。饰面板是工厂化预制生产、装配式安装后免现场饰面施工的绿色环保工法，得到本标准积极引导推广；饰面砖工程细分，有利于有针对性提出合理的验收要求。通过以上标准内部整合，引领装饰装修行业进一步规范发展，更好地服务于住宅全装修和带装修的装配式建筑工程质量验收。

《建筑装饰装修工程质量验收标准》GB 50210—2018 全面覆盖建筑绿色、预制装配、全装修工程质量验收，为提高我国建筑装饰装修水平、保证工程质量打下了坚实的基础。

（1）抹灰工程

1）适用范围：一般抹灰、装饰抹灰、清水砌体勾缝、增加保温层抹灰等分项工程质量验收。

2）抹灰材料复试项目：砂浆的拉伸粘结强度；聚合物砂浆的保水率。

3）检验批划分原则：相同材料、工艺、施工条件；室外 1000m^2；室内 50 个自然间（大面积房间和走廊可按抹灰面积 30m^2 计为一间）。

（2）外墙防水工程（新增章节）

1）适用范围：适用于外墙砂浆防水、涂膜防水、透气膜防水等分项工程的质量验收。

2）材料复试项目：防水砂浆的粘结强度和抗渗性能；防水涂料的低温柔性和不透水

性；防水透气膜的不透水性。

3）检验批划分原则：相同材料、工艺、施工条件；1000m^2 为一个检验批。

4）需要检查的资料：外墙防水工程的施工图、设计说明及其他设计文件；材料的产品合格证书、性能检验报告、进场验收记录和复试报告；施工方案及安全技术措施；雨后或现场淋水检验记录；隐蔽工程验收记录；施工记录；施工单位的资质证书及操作人员的上岗证书。

5）隐蔽内容：外墙不同结构材料交接处的增强处理措施的节点；防水层在变形缝、门窗洞口、穿外墙管道、预埋件及收头等部位的节点；防水层搭接宽度及附加层。

（3）门窗工程

1）适用范围：适用于木门窗、金属门窗、塑料门窗和特种门安装及门窗玻璃安装等分项工程（删掉木门窗制作）。

2）材料复试项目：人造木板门的甲醛释放量；建筑外窗的气密性能、水密性能和抗风压性能。

（4）吊顶工程

1）适用范围：适用于整体面层吊顶、板块面层吊顶、格栅吊顶等分项工程。

2）材料复试项目：人造木板的甲醛释放量。

3）隐蔽内容：反支撑及钢结构转换层。

（5）轻质隔墙

材料复试项目：人造木板的甲醛释放量。

（6）饰面板工程

1）适用范围：用于内墙饰面板安装工程和高度不大于 24m、抗震设防烈度不大于 8 度的外墙饰面板安装工程的石材安装、陶瓷板安装、木板安装、金属板安装、塑料板安装等分项工程的质量验收。

2）材料复试项目：室内用花岗岩石材的放射性、室内用人造木板的甲醛释放量；水泥基胶粘剂的粘结强度。

3）需要检查的资料：满粘法施工的外墙石材和外墙陶瓷板粘结强度检测报告。

4）隐蔽内容：预埋件（或后置埋件）；龙骨安装；连接节点；防水、保温、防火节点；外墙金属板防雷连接节点。

（7）饰面砖（新增章节）

1）适用范围：适用于内墙饰面砖粘贴和高度不大于 100m、抗震设防烈度不大于 8 度、采用满粘法施工的外墙饰面砖粘贴等分项工程的质量验收。

2）材料复试项目：室内用花岗岩石材和瓷质饰面砖的放射性；水泥基粘结材料与外用饰面砖的拉伸粘结强度；外墙陶瓷饰面砖的吸水率；严寒及寒冷地区外墙陶瓷饰面砖的抗冻性。

3）检验批划分原则：相同材料、工艺和施工条件；室内 50 间；室外 1000m^2（大面积房间和走廊可按饰面板面积每 30m^2 计为 1 间）。

4）抽样数量：室内至少抽查 10%，并不得少于 3 间；室外每 100m^2 应至少抽查一处，每处不得小于 10m^2。

5）需要检查的资料：饰面砖工程的施工图、设计说明及其他设计文件；材料的产品合格证书、性能检验报告、进场验收记录和复试报告；外墙饰面砖施工前粘贴样板和外墙饰面砖粘贴工程饰面砖粘结强度检验报告；隐蔽工程验收记录；施工记录。

6）隐蔽内容：基层和基体；防水层。

（8）幕墙工程

1）适用范围：玻璃幕墙、金属幕墙、石材幕墙、人造板幕墙等分项工程的质量验收。玻璃幕墙包括构件式玻璃幕墙、单元式玻璃幕墙、全玻璃幕墙和点支承玻璃幕墙。

2）材料复试项目：铝塑复合板的剥离强度；石材、瓷板、陶板微晶玻璃板、木纤维板、纤维水泥板和石材蜂窝板的抗弯强度，严寒、寒冷地区石材、瓷板、陶板、纤维水泥板和石材蜂窝板的抗冻性；室内用花岗岩的放射性；幕墙用结构胶的邵氏硬度、标准条件拉伸强度、相容性试验、剥离粘结性实验、石材用密缝胶的污染性；中空玻璃的密缝性；防火、保温材料的燃烧性能；铝材、钢材主受力杆件的抗拉强度。

3）检验批划分原则：相同材料、工艺和施工条件；每 $1000m^2$ 一个检验批，不足 $1000m^2$ 也划分为一个检验批。

4）抽样数量：

①每个检验批每 $100m^2$，应至少抽查一处，每处不得小于 $10m^2$；

②对于异型或有特殊要求的幕墙工程应根据幕墙的结构和工艺特点由监理单位（或建设单位）和施工单位协商确定。

5）需要检查的资料：幕墙工程的施工图、结构计算书、热工性能计算书、设计变更文件、设计说明及其他文件；幕墙工程所用硅酸结构胶的抽离合格证明，国家批准的检测机构出具的硅酸结构胶相容性剥离粘结性检验报告，石材用密缝胶的污染性；幕墙与主体结构防雷接地点之间电阻检测记录；幕墙安装施工记录；张拉杆索体系预拉力张拉记录；现场淋水检测记录。

6）隐蔽内容：预埋件或后置预埋件、锚栓及连接件；幕墙四周、幕墙内表面与主体结构之间的封堵；伸缩缝、沉降缝、防震缝及地面转角节点；隐框玻璃板块的固定；幕墙防雷连接节点；幕墙防火、防烟节点；单元幕墙的封口节点。

（9）涂饰工程

1）适用范围：适用于水性涂料涂饰、溶剂型涂料涂饰、美术涂饰等分项工程的质量验收。水性涂料包括乳液型涂料、无机涂料、水溶性涂料等，溶剂型涂料包括丙烯酸酯涂料、聚氨酯丙烯酸涂料、有机硅丙烯酸涂料、交联型氟树脂涂料等，美术涂料包括套色涂饰、滚花涂饰、仿花纹涂饰等。

2）材料复试项目：有害物质限量。

3）检验批划分原则：相同材料、工艺和施工条件；室外 $1000m^2$；室内50间（大面积房间和走廊可按涂饰面积每 $30m^2$ 计为1间）。

4）抽样数量：

①室外涂饰工程每 $100m^2$ 应至少检查一处，每处不得小于 $10m^2$；

②室内涂饰工程每个检验批应至少抽查10%，并不得少于3间，不足3间时应全数检查。

5）需要检查的资料：涂饰工程的施工图、设计说明及其他设计文件；材料的产品合格证、性能检测报告、有害物质限量检测报告和进场验收记录；施工记录。

（10）裱糊与软包工程

1）适用范围：适用于聚氯乙烯塑料壁纸、纸质壁纸、墙布等裱糊工程和织物、皮革、人造革等软包工程的质量验收。软包工程包括不带内衬软包、带内衬软包，不带内衬软包也称为硬包。

2）材料复试项目：同一品种的裱糊或软包工程每50间（大面积房间和走廊按施工面积每$30m^2$为一间）应划分为一个检验批，不足50间也应划分为一个检验批。

3）检验批划分原则：

①裱糊工程每个检验批应至少抽查10%，并不得少于3间，不足3间时应全数检查；

②软包工程每个检验批应至少抽查20%，并不得少于6间，不足6间时应全数检查。

4）抽样数量：裱糊工程至少抽查5间，不足5间应全数检查；软包工程至少抽查10间，不足10间应全数检查。

5）需要检查的资料：裱糊与软包工程的施工图、设计说明及其他设计文件；饰面材料的样板及确认文件；材料的产品合格证书、性能检测报告、进场验收记录和复试报告；饰面材料及封闭底漆、胶粘剂、涂料的有害物质限量检测报告；隐蔽工程验收记录；施工记录。

6）隐蔽内容：裱糊工程应对基层封闭底漆、腻子、封闭底胶及软包内衬材料进行隐蔽工程验收，裱糊前，基层处理应达到下列规定：新建筑物的混凝土抹灰基层墙面在腻子前应涂刷抗碱封闭底漆；粉化的旧墙面应先除去粉化层，并在刮涂腻子前涂刷一层界面处理剂；混凝土或抹灰基层含水率不得大于8%，木材基层的含水量不得大于12%；石膏板基层，接缝及裂缝处应贴加强网布后再刮腻子；基层腻子应平整、坚实、牢固、无粉化、起皮、空鼓、酥松、裂缝和反碱，腻子的粘结强度不得小于0.3MPa；基层表面平整度、立面垂直度及阴阳角方正达到本标准高级抹灰的要求；基层表面颜色一致；裱糊前应用封闭底胶涂刷基层。

（11）细部工程

1）适用范围：橱柜制作与安装；门窗套制作与安装；护栏和扶手制作与安装；花饰制作与安装。

2）检验批合格判定标准：抽查样本均符合本标准主控项目的规定；抽查样本的80%以上符合本标准一般项目的规定，其余样本不得有影响使用功能或明显影响装饰效果的缺陷，其中有允许偏差的项目，其最大偏差不得超过本标准规定允许偏差的1.5倍。

2.3.2 《建筑内部装修设计防火规范》GB 50222—2017（节选）

1. 新增术语

（1）建筑内部装修：为满足功能要求，对建筑内部空间所进行的修饰、保护及固定设备安装等活动。

（2）装饰织物：满足建筑内部功能需求，由棉、麻、丝、毛等天然纤维及其他合成纤维制作的纺织品，如窗帘、帷幕等。

（3）隔断：建筑内部固定的、不到顶的垂直分隔物。

（4）固定家具：与建筑结构固定在一起或不易改变位置的家具。如建筑内部的壁橱、壁柜陈列台、大型货架等。

2. 更新条款

（1）装修材料分级：安装在金属龙骨上燃烧性能达到B_1级的纸面石膏板、矿棉吸声板，可作为 A 级装修材料使用；删除了涂覆防火涂料的胶合板可作为 B_1 级材料使用。

(2) 住宅建筑装修设计尚应符合下列规定：

1) 不应改动住宅内部烟道、风道。

2) 厨房内的固定橱柜宜采用不低于 B_1 级的装修材料。

3) 卫生间顶棚宜采用 A 级装修材料。

4) 阳台装修宜采用不低于 B_1 级的装修材料。

(3) 展览性场所装修设计应符合下列规定：

1) 展台材料应采用不低于 B_1 级的装修材料。

2) 在展厅设置电加热设备的餐饮操作区内，与电加热设备贴邻的墙面、操作台均应采用 A 级装修材料。

3) 展台与卤钨灯等高温等照明灯具贴邻部位的材料应采用 A 级装修材料。

(4) 仓库内部各部位装修材料的燃烧性能等级，不应低于本规范表 2-21 的规定。

仓库内部各部位装修材料的燃烧性能等级 表 2-21

序号	仓库类别	建筑规模	装修材料燃烧性能等级			
			顶棚	墙面	地面	隔断
1	甲、乙类仓库	—	A	A	A	A
2	丙类仓库	单层及多层仓库	A	B_1	B_1	B_1
		高层及地下仓库	A	A	A	A
		高架仓库	A	A	A	A
3	丁、戊类仓库	单层及多层仓库	A	B_1	B_1	B_1
		高层及地下仓库	A	A	A	B_1

(5) 单层、多层民用建筑：内部面积小于 $100m^2$ 的房间，当采用耐火极限不低于 2.00h 的防火隔墙和甲级防火门、窗与其他部位分隔时，其装修材料的燃烧性能等级可在规范表 2-23 的基础上降低一级（规范中第 4 章规定的场所和本规范表 2-23 中序号为 11～13 规定的部位外）。当单层、多层民用建筑需做内部装修的空间内装有自动灭火系统时，除顶棚外，其内部装修材料的燃烧性能等级可在本规范表 2-23 规定的基础上降低一级；当同时装有火灾自动报警装置和自动灭火系统时，其装修材料的燃烧性能等级可在规范表 2-23 规定的基础上降低一级（规范中第 4 章规定的场所和本规范表 2-23 中序号为 11～13 规定的部位外）。

(6) 高层民用建筑：大于 $400m^2$ 的观众厅、会议厅和 100m 以上的高层民用建筑外，当设有火灾自动报警装置和自动灭火系统时，除顶棚外，其内部装修材料的燃烧性能等级可在本规范表 2-24 规定的基础上降低一级（规范中第 4 章规定的场所和本规范表 2-24 中序号为 10～12 规定的部位外）。

(7) 厂房仓库：当单层、多层丙、丁、戊类厂房内同时设有火灾自动报警和自动灭火系统时，除顶棚外，其装修材料的燃烧性能等级可在本规范表 2-26 规定的基础上降低一级（本规范第 4 章规定的场所和部位外）。

3. 装修材料的分类和分级

装修材料按其使用部位和功能，可划分为顶棚装修材料、墙面装修材料、地面装修材料、隔断装修材料、固定家具、装饰织物、其他装修装饰材料七类（其他装修装饰材料系指楼梯扶手、挂镜线、踢脚板、窗帘盒、暖气罩等）。

装修材料按其燃烧性能应划分为四级，并应符合本规范表 2-22 的规定。

装修材料燃烧性能等级表 表 2-22

等级	装修材料燃烧性能
A	不燃性
B_1	难燃性
B_2	可燃性
B_3	易燃性

装修材料的燃烧性能等级应按现行国家标准《建筑材料及制品燃烧性能分级》GB 8624 的有关规定，经检测确定。

安装在金属龙骨上燃烧性能达到 B_1 级的纸面石膏板、矿棉吸声板，可作为 A 级装修材料使用。

单位面积质量小于 $300g/m^2$ 的纸质、布质壁纸，当直接粘贴在 A 级基材上时，可作为 B_1 级装修材料使用。

施涂于 A 级基材上的无机装修涂料，可作为 A 级装修材料使用；施涂于 A 级基材上，湿涂覆比小于 $1.5kg/m^2$，且涂层干膜厚度不大于 1.0mm 的有机装修涂料，可作为 B 级装修材料使用。

当使用多层装修材料时，各层装修材料的燃烧性能等级均应符合本规范的规定。复合型装修材料的燃烧性能等级应进行整体检测确定。

4. 强制性条文

建筑内部装修不应擅自减少、改动、拆除、遮挡消防设施、疏散指示标志、安全出口、疏散出口、疏散走道和防火分区、防烟分区等。

建筑内部消火栓箱门不应被装饰物遮掩，消火栓箱门四周的装修材料颜色应与消火栓箱门的颜色有明显区别或在消火栓箱门表面设置发光标志。

疏散走道和安全出口的顶棚、墙面不应采用影响人员安全疏散的镜面反光材料。

地上建筑的水平疏散走道和安全出口的门厅，其顶棚应采用 A 级装修材料，其他部位应采用不低于 B_1 级的装修材料；地下民用建筑的疏散走道和安全出口的门厅，其顶棚、墙面和地面均应采用 A 级装修材料。

疏散楼梯间和前室的顶棚、墙面和地面均应采用 A 级装修材料。

建筑物内设有上下层相连通的中庭、走马廊、开敞楼梯、自动扶梯时，其连通部位的顶棚、墙面应采用 A 级装修材料，其他部位应采用不低于 B_1 级的装修材料。

无窗房间内部装修材料的燃烧性能等级除 A 级外，应在表 2-23～表 2-26 规定的基础上提高一级。

单层、多层民用建筑内部各部位装修材料的燃烧性能等级，不应低于表 2-23 的规定。

单层、多层民用建筑内部各部位装修材料的燃烧性能等级　　表 2-23

序号	建筑物及场所	建筑规模、性质	装饰材料燃烧性能等级							
			顶棚	墙面	地面	隔断	固定家具	装饰织物		其他装修装饰材料
								窗帘	帷幕	
1	候机楼的候机大厅贵宾候机室、售票厅、商店、餐饮场所等	—	A	A	B_1	B_1	B_1	B_1	—	B_1
2	汽车站、火车站、轮船客运站的候船室商店、餐饮场所等	建筑面积＞10000m^2	A	A	B_1	B_1	B_1	B_1	—	B_2
		建筑面积≤10000m^2	A	B_1	B_1	B_1	B_1	B_1	—	B_2
3	观众厅、会议厅、多功能厅、等候厅等	每个厅建筑面积＞400m^2	A	A	B_1	B_1	B_1	B_1	B_1	B_1
		每个厅建筑面积≤400m^2	A	B_1	B_1	B_1	B_2	B_1	B_1	B_2
4	体育馆	＞3000座位	A	A	B_1	B_1	B_1	B_1	B_1	B_2
		≤3000座位	A	B_1	B_1	B_1	B_2	B_2	B_1	B_2
5	商店的营业厅	每层建筑面积＞1500m^2或总建筑面积＞3000m^2	A	B_1	B_1	B_1	B_1	B_1	—	B_2
		每层建筑面积≤1500m^2或总建筑面积≤3000m^2	A	B_1	B_1	B_1	B_2	B_1	—	—
6	宾馆、饭店的客房及公共活动用房等	设置送回风道(管)的集中空气调节系统	A	B_1	B_1	B_1	B_2	B_2	—	B_2
		其他	B_1	B_1	B_2	B_2	B_2	B_2	—	—
7	养老院、托儿所、幼儿园的居住及活动场所	—	A	A	B_1	B_1	B_2	B_1	—	B_2
8	医院的病房区、诊疗区、手术区	—	A	A	B_1	B_1	B_2	B_1	—	B_2
9	教学场所、教学实验场所	—	A	B_1	B_2	B_2	B_2	B_2	B_2	B_2
10	纪念馆、展览馆、博物馆、图书馆、档案馆、资料馆等公众活动场所	—	A	B_1	B_1	B_1	B_2	B_1	—	B_2
11	存放文物、纪念展览物品、重要图书、档案、资料的场所	—	A	A	B_1	B_1	B_2	B_1	—	B_2
12	歌舞娱乐游艺场所	—	A	B_1	B_1	B_1	B_1	B_1	B_1	B_1
13	A、B级电子信息系统机房及装有重要机器、仪器的房间	—	A	A	B_1	B_1	B_1	B_1	B_1	B_1
14	餐饮场所	营业面积＞100m^2	A	B_1	B_1	B_1	B_2	B_1	—	B_2
		营业面积≤100m^2	B_1	B_1	B_1	B_2	B_2	B_2	—	B_2
15	办公场所	设置送回风道(管)的集中空气调节系统	A	B_1	B_1	B_1	B_2	B_2	—	B_2
		其他	B_1	B_1	B_2	B_2	B_2	—	—	—
16	其他公共场所	—	B_1	B_1	B_2	B_2	B_2	—	—	—
17	住宅	—	B_1	B_1	B_1	B_1	B_2	B_2	—	B_2

注：1. 除本规范第4章规定的场所和表2-23中序号为11～13规定的部位外，单层、多层民用建筑内面积小于100m^2的房间，当采用耐火极限不低于2.00h的防火隔墙和甲级防火门、窗与其他部位分割时，其装修材料的燃烧性能等级可在本规范表2-23的基础上降低一级。

2. 除本规范第4章规定的场所和表2-23中序号为11～13规定的部位外，当单层、多层民用建筑需做内部装修的空间内装有自动灭火系统时，除顶棚外，其内部装修材料的燃烧性能等级可在表2-23规定的基础上降低一级，当同时装有火灾自动报警装置和自动灭火系统时，其装修材料的燃烧性能等级可在表2-23规定的基础上降低一级。

高层民用建筑内部各部位装修材料的燃烧性能等级，不应低于表 2-24 的规定。

高层民用建筑内部各部位装修材料的燃烧性能等级　　表 2-24

序号	建筑物及场所	建筑规模、性质	装饰材料燃烧性能等级									
			顶棚	墙面	地面	隔断	固定家具	装饰织物				其他装修装饰材料
								窗帘	帷幕	床罩	家具包布	
1	候机楼的候机大厅贵宾候机室、售票厅、商店、餐饮场所等	—	A	A	B_1	B_1	B_1	B_1	—	—	—	B_1
2	汽车、火车站、轮船客运站的候船室、商店、餐饮场所等	建筑面积＞10000m^2	A	A	B_1	B_1	B_1	B_1	—	—	—	B_2
		建筑面积≤10000m^2	A	B_1	B_1	B_1	B_1	B_1	—	—	—	B_2
3	观众厅、会议厅、多功能厅、等候厅等	每个厅建筑面积＞400m^2	A	A	B_1	B_1	B_1	B_1	B_1	—	B_1	B_1
		每个厅建筑面积≤400m^2	A	B_1	B_1	B_1	B_2	B_1	B_1	—	B_1	B_1
4	商店的营业厅	每层建筑面积＞1500m^2 或总建筑面积＞3000m^2	A	B_1	B_1	B_1	B_1	B_1	B_1	—	B_2	B_1
		每层建筑面积≤1500m^2 或总建筑面积≤3000m^2	A	B_1	B_1	B_1	B_1	B_1	B_2	—	B_2	B_2
5	宾馆、饭店的客房及公共活动用房等	一类建筑	A	B_1	B_1	B_1	B_2	B_1	—	B_1	B_2	B_1
		二类建筑	A	B_1	B_1	B_1	B_2	B_2	—	B_2	B_2	B_2
6	养老院、托儿所、幼儿园居住及活动场所	—	A	A	B_1	B_1	B_2	B_1	—	B_2	B_2	B_1
7	医院的病房区、诊疗区、手术区	—	A	A	B_1	B_1	B_2	B_1	B_1	—	B_2	B_1
8	教学场所、教学实验场所	—	A	B_1	B_2	B_2	B_2	B_1	B_1	—	B_1	B_2
9	纪念馆、展览馆、博物馆、图书馆、档案馆、资料馆等的公众活动场所	一类建筑	A	B_1	B_1	B_1	B_2	B_1	B_1	—	B_1	B_1
		二类建筑	A	B_1	B_1	B_1	B_2	B_1	B_2	—	B_2	B_2
10	存放文物、纪念展览物品、重要图书、档案、资料的场所	—	A	A	B_1	B_1	B_2	B_1	—	—	B_1	B_2
11	歌舞娱乐游艺场所	—	A	B_1	B_1	B_1	B_1	B_1	B_1	B_1	B_1	B_1
12	A、B 级电子信息系统机房及装有重要机器、仪器的房间	—	A	A	B_1	B_1	B_1	B_1	B_1	—	B_1	B_1
13	餐饮场所	—	A	B_1	B_1	B_1	B_2	B_1	—	—	B_1	B_2
14	办公场所	一类建筑	A	B_1	B_1	B_1	B_2	B_1	B_1	—	B_1	B_1
		二类建筑	A	B_1	B_1	B_1	B_2	B_1	B_2	—	B_2	B_2
15	电信楼、财贸金融楼、邮政楼、广播电视楼、电力调度楼、防灾指挥调度楼	一类建筑	A	A	B_1	B_1	B_1	B_1	B_1	—	B_2	B_1
		二类建筑	A	B_1	B_2	B_2	B_2	B_1	B_2	—	B_2	B_2

续表

序号	建筑物及场所	建筑规模、性质	装饰材料燃烧性能等级									
			顶棚	墙面	地面	隔断	固定家具	装饰织物				其他装修装饰材料
								窗帘	帷幕	床罩	家具包布	
16	其他公共场所	—	A	B_1	B_1	B_1	B_2	B_2	B_2	B_2	B_2	B_2
17	住宅	—	A	B_1	B_1	B_1	B_2	B_1	—	B_1	B_2	B_1

注：1. 除本规范第 4 章规定的场所和表 2-24 中序号为 10～12 规定的部位外，高层民用建筑的裙房内面积小于 500m^2 的房间，当设有自动灭火系统，并且采用耐火极限不低于 2.00h 的防火隔墙和甲级防火门、窗与其他部位分隔时，顶棚、墙面、地面装修材料的燃烧性能等级可在表 2-24 规定的基础上降低一级。

2. 除本规范第 4 章规定的场所和表 2-24 中序号为 10～12 规定的部位外，以及大于 400m^2 的观众厅、会议厅和 100m 以上的高层民用建筑外，当设有火灾自动报警装置和自动灭火系统时，除顶棚外，其内部装修材料的燃烧性能等级可在表 2-24 规定的基础上降低一级。

3. 电视塔等特殊高层建筑的内部装修，装饰织物应采用不低于 B_1 级的材料，其他均应采用 A 级装修材料。

地下民用建筑内部各部位装修材料的燃烧性能等级，不应低于表 2-25 的规定。

地下民用建筑内部各种位置装修材料的燃烧性能等级　　表 2-25

序号	建筑物及场所	装修材料燃烧性能等级						
		顶棚	墙面	地面	隔断	固定家具	装饰织物	其他装修装饰材料
1	观众厅、会议厅、多功能厅、等候厅、商场的营业厅等	A	A	A	B_1	B_1	B_1	B_2
2	宾馆、饭店的客房及公共活动用房等	A	B_1	B_1	B_1	B_1	B_1	B_2
3	医院的诊疗区、手术区	A	A	B_1	B_1	B_1	B_1	B_2
4	教学场所、教学实验场所	A	A	B_1	B_2	B_2	B_1	B_2
5	纪念馆、展览馆、博物馆、图书馆、档案馆、资料馆等的公众活动场所	A	A	B_1	B_1	B_1	B_1	B_1
6	存放文物、纪念展览物品、重要图书、档案、资料的场所	A	A	A	A	A	B_1	B_1
7	歌舞娱乐游艺场所	A	A	B_1	B_1	B_1	B_1	B_1
8	A、B 级电子信息系统机房及装有重要机器、仪器的房间	A	A	B_1	B_1	B_1	B_1	B_1
9	餐饮场所	A	A	A	B_1	B_1	B_1	B_2
10	办公场所	A	B_1	B_1	B_1	B_1	B_2	B_2
11	其他公共场所	A	B_1	B_1	B_2	B_2	B_2	B_2
12	汽车库、修车库	A	A	B_1	A	A	—	—

注：1. 地下民用建筑系指单层、多层、高层民用建筑的地下部分，单独建造在地下的民用建筑以及平战结合的地下人防工程。

2. 除本规范第 4 章规定的场所和表 2-25 中序号为 6～8 规定的部位外，单独建造的地下民用建筑的地上部分，其门厅、休息室、办公室等内部装修材料的燃烧性能等级可在表 2-25 的基础上降低一级。

厂房内部各部位装修材料的燃烧性能等级，不应低于表 2-26 的规定。

厂房内部各部位装修材料的燃烧性能等级 表 2-26

序号	厂房及车间的火灾危险性和性质	建筑规模	装修材料燃烧性能等级						
			顶棚	墙面	地面	隔断	固定家具	装饰织物	其他装修装饰材料
1	甲、乙类厂房，丙类厂房中的甲乙类生产车间，有明火的丁类厂房、高温车间	—	A	A	A	A	A	B_1	B_1
2	劳动密集型丙类生产车间或厂房，火灾荷载较高的丙类生产车间或厂房，洁净车间	单/多层	A	A	B_1	B_1	B_1	B_2	B_2
		高层	A	A	A	B_1	B_1	B_1	B_1
3	其他丙类生产车间或厂房	单/多层	A	B_1	B_2	B_2	B_2	B_2	B_2
		高层	A	B_1	B_1	B_1	B_1	B_1	B_1
4	丙类厂房	地下	A	A	A	B_1	B_1	B_1	B_1
5	无明火的丁类厂房、戊类厂房	单/多层	B_1	B_2	B_2	B_2	B_2	B_2	B_2
		高层	B_1	B_1	B_2	B_2	B_1	B_1	B_1
		地下	A	A	B_1	B_1	B_1	B_1	B_1

注：1. 除本规范第 4 章规定的场所和部位外，当单层、多层丙、丁、戊类厂房内同时设有火灾自动报警和自动灭火系统时，除顶棚外，其装修材料的燃烧性能等级可在表 2-26 规定的基础上降低一级。

2. 当厂房的地面为架空地板时，其地面应采用不低于 B_1 级的装修材料。

3. 附设在工业建筑内的办公、研发、餐厅等辅助用房，当采用现行国家标准《建筑设计防火规范（2018 年版）》GB 50016 规定的防火分隔和疏散设施时，其内部装修材料的燃烧性能等级可按民用建筑的规定执行。

消防水泵房、机械加压送风排烟机房、固定灭火系统钢瓶间、配电室、变压器室、发电机房、储油间、通风和空调机房等，其内部所有装修均应采用 A 级装修材料。

消防控制室等重要房间，其顶棚和墙面应采用 A 级装修材料，地面及其他装修应采用不低于 B_1 级的装修材料。

建筑物内的厨房，其顶棚、墙面、地面均应采用 A 级装修材料。

经常使用明火器具的餐厅、科研试验室，其装修材料的燃烧性能等级除 A 级外，应在表 2-23～表 2-26 规定的基础上提高一级。

民用建筑内的库房或贮藏间，其内部所有装修除应符合相应场所规定外，且应采用不低于 B_1 级的装修材料。

展览性场所装修设计应符合下列规定：

（1）展台材料应采用不低于 B_1 级的装修材料。

（2）在展厅设置电加热设备的餐饮操作区内，与电加热设备贴邻的墙面、操作台均应采用 A 级装修材料。

（3）展台与卤钨灯等高温照明灯具贴邻部位的材料应采用 A 级装修材料。

2.3.3 《民用建筑工程室内环境污染控制标准》GB 50325—2020（节选）

1. 前言

根据住房和城乡建设部《关于印发〈2016 年工程建设标准规范制订、修订计划〉的通知》（建标函〔2015〕274 号）的要求，标准编制组经广泛调查研究，认真总结实践经验，参考有关国际标准和国外先进标准，并在广泛征求意见的基础上，编制了本标准。

本标准的主要技术内容是：（1）总则；（2）术语和符号；（3）材料；（4）工程勘察设计；（5）工程施工；（6）验收等。

本标准修订的主要技术内容是：

（1）室内空气中污染物增加了甲苯和二甲苯。

（2）细化了装饰装修材料分类，并对部分材料的污染物含量（释放量）限量及测定方法进行了调整。

（3）保留了人造木板甲醛释放量测定的环境测试舱法和干燥器法。

（4）对室内装饰装修设计提出了污染控制预评估要求及材料选用具体要求。

（5）对自然通风的Ⅰ类民用建筑的最低通风换气次数提出具体要求。

（6）完善了建筑物综合防氡措施。

（7）对幼儿园、学校教室、学生宿舍等装饰装修提出了更加严格的污染控制要求。

（8）明确了室内空气氡浓度检测方法。

（9）重新确定了室内空气中污染物浓度限量值。

（10）增加了苯系物及挥发性有机化合物（TVOC）的 T-C 复合吸附管取样检测方法，进一步完善并细化了室内空气污染物取样测量要求。

本标准第 3.1.1、3.1.2、3.6.1、4.1.1、4.2.4、4.2.5、4.2.6、4.3.1、4.3.6、5.2.1、5.2.3、5.2.5、5.2.6、5.3.3、5.3.6、6.0.4、6.0.14、6.0.23 条为强制性条文，必须严格执行。

具体内容有：

3.1.1　民用建筑工程所使用的砂、石、砖、实心砌块、水泥、混凝土、混凝土预制构件等无机非金属建筑主体材料，其放射性限量应符合现行国家标准《建筑材料放射性核素限量》GB 6566 的规定。

3.1.2　民用建筑工程所使用的石材、建筑卫生陶瓷、石膏制品、无机粉黏结材料等无机非金属装饰装修材料，其放射性限量应分类符合现行国家标准《建筑材料放射性核素限量》GB 6566 的规定。

3.6.1　民用建筑工程中所使用的混凝土外加剂，氨的释放量不应大于 0.10%，氨释放量测定方法应符合现行国家标准《混凝土外加剂中释放氨的限量》GB 18588 的有关规定。

4.1.1　新建、扩建的民用建筑工程，设计前应对建筑工程所在城市区域土壤中氡浓度或土壤表面氡析出率进行调查，并提交相应的调查报告。未进行过区域土壤中氡浓度或土壤表面氡析出率测定的，应对建筑场地土壤中氡浓度或土壤氡析出率进行测定，并提供相应的检测报告。

4.2.4　当民用建筑工程场地土壤氡浓度测定结果大于 20000Bq/m^3 且小于 30000 Bq/m^3，或土壤表面氡析出率大于 0.05$Bq/(m^2 \cdot s)$ 且小于 0.10$Bq/(m^2 \cdot s)$ 时，应采取建筑物底层地面抗开裂措施。

4.2.5　当民用建筑工程场地土壤氡浓度测定结果不小于 30000Bq/m^3 且小于 50000 Bq/m^3，或土壤表面氡析出率不小于 0.10$Bq/(m^2 \cdot s)$ 且小于 0.30$Bq/(m^2 \cdot s)$ 时，除采取建筑物底层地面抗开裂措施外，还必须按现行国家标准《地下工程防水技术规范》GB 50108 中的一级防水要求，对基础进行处理。

4.2.6　当民用建筑工程场地土壤氡浓度平均值不小于 50000Bq/m^3 或土壤表面氡析出率平均值不小于 0.30$Bq/(m^2 \cdot s)$ 时，应采取建筑物综合防氡措施。

4.3.1 Ⅰ类民用建筑室内装饰装修采用的无机非金属装饰装修材料放射性限量必须满足现行国家标准《建筑材料放射性核素限量》GB 6566 规定的 A 类要求。

4.3.6 民用建筑室内装饰装修中所使用的木地板及其他木质材料，严禁采用沥青、煤焦油类防腐、防潮处理剂。

5.2.1 民用建筑工程采用的无机非金属建筑主体材料和建筑装饰装修材料进场时，施工单位应查验其放射性指标检测报告。

5.2.3 民用建筑室内装饰装修中所采用的人造木板及其制品进场时，施工单位应查验其游离甲醛释放量检测报告。

5.2.5 民用建筑室内装饰装修中所采用的水性涂料、水性处理剂进场时，施工单位应查验其同批次产品的游离甲醛含量检测报告；溶剂型涂料进场时，施工单位应查验其同批次产品的 VOC、苯、甲苯＋二甲苯、乙苯含量检测报告，其中聚氨酯类的应有游离二异氰酸酯（TDI＋HDI）含量检测报告。

5.2.6 民用建筑室内装饰装修中所采用的水性胶粘剂进场时，施工单位应查验其同批次产品的游离甲醛含量和 VOC 检测报告；溶剂型、本体型胶粘剂进场时，施工单位应查验其同批次产品的苯、甲苯＋二甲苯、VOC 含量检测报告，其中聚氨酯类的应有游离甲苯二异氰酸酯（TDI）含量检测报告。

5.3.3 民用建筑室内装饰装修时，严禁使用苯、工业苯、石油苯、重质苯及混苯等含苯稀释剂和溶剂。

5.3.6 民用建筑室内装饰装修严禁使用有机溶剂清洗施工用具。

6.0.4 民用建筑工程竣工验收时，必须进行室内环境污染物浓度检测，其限量应符合表 2-27 的规定。

民用建筑室内环境污染物浓度限量　　表 2-27

污染物	Ⅰ类民用建筑工程	Ⅱ类民用建筑工程
氡（Bq/m^3）	≤150	≤150
甲醛（mg/m^3）	≤0.07	≤0.08
氨（mg/m^3）	≤0.15	≤0.20
苯（mg/m^3）	≤0.06	≤0.09
甲苯（mg/m^3）	≤0.15	≤0.20
二甲苯（mg/m^3）	≤0.20	≤0.20
TVOC（mg/m^3）	≤0.45	≤0.50

注：1. 污染物浓度测量值，除氡外均指室内污染物浓度测量值扣除室外上风向空气中污染物浓度测量值（本底值）后的测量值。
2. 污染物浓度测量值的极限值判定，采用全数值比较法。

6.0.14 幼儿园、学校教室、学生宿舍、老年人照料房屋设施室内装饰装修验收时，室内空气中氡、甲醛、氨、苯、甲苯、二甲苯、TVOC 的抽检量不得少于房间总数的 50%，且不得少于 20 间。当房间总数不大于 20 间时，应全数检测。

6.0.23 室内环境污染物浓度检测结果不符合本标准表 2-29 规定的民用建筑工程，严禁交付投入使用。

2. 总则

（1）为了预防和控制民用建筑工程中主体材料和装饰装修材料产生的室内环境污染，保障公众健康，维护公共利益，做到技术先进、经济合理，制定本标准。

（2）本标准适用于新建、扩建和改建的民用建筑工程室内环境污染控制。

（3）本标准控制的室内环境污染物包括氡、甲醛、氨、苯、甲苯、二甲苯和总挥发性有机化合物。

（4）民用建筑工程的划分应符合下列规定：

1）Ⅰ类民用建筑应包括住宅、居住功能公寓、医院病房、老年人照料房屋设施、幼儿园、学校教室、学生宿舍等；

2）Ⅱ类民用建筑应包括办公楼、商店、旅馆、文化娱乐场所、书店、图书馆、展览馆、体育馆、公共交通等候室、餐厅等。

（5）民用建筑工程所选用的建筑主体材料和装饰装修材料应符合本标准有关规定。

（6）民用建筑室内环境污染控制除应符合本标准的规定外，尚应符合国家现行有关标准的规定。

3. 工程施工

（1）材料进场应按设计要求及本标准的有关规定，对建筑主体材料和装饰装修材料的污染物释放量或含量进行抽查复验。

（2）装饰装修材料污染物释放量或含量抽查复验组批要求应符合表 2-28 的规定。

装饰装修材料抽查复验组批要求　表 2-28

材料名称	组批要求
天然花岗岩石材和瓷质砖	当同一产地、同一品种产品使用面积大于 $200m^2$ 时需进行复验，组批按同一产地、同一品种每 $5000m^2$ 为一批，不足 $5000m^2$ 按一批计
人造木板及其制品	当同一厂家、同一品种、同一规格产品使用面积大于 $500m^2$ 时需进行复验，组批按同一厂家、同一品种、同一规格每 $5000m^2$ 为一批，不足 $5000m^2$ 按一批计
水性涂料和水性腻子	组批按同一厂家、同一品种、同一规格产品每 5t 为一批，不足 5t 按一批计
溶剂型涂料和木器用溶剂型腻子	木器聚氨酯涂料，组批按同一厂家产品以甲组分每 5t 为一批，不足 5t 按一批计
	其他涂料、腻子，组批按同一厂家、同一品种、同一规格产品每 5t 为一批，不足 5t 按一批计
室内防水涂料	反应型聚氨酯涂料，组批按同一厂家、同一品种、同一规格产品每 5t 为一批，不足 5t 按一批计
	聚合物水泥防水涂料，组批按同一厂家产品每 10t 为一批，不足 10t 按一批计
	其他涂料，组批按同一厂家、同一品种、同一规格产品每 5t 为一批，不足 5t 按一批计
水性胶粘剂	聚氨酯类胶粘剂组批按同一厂家以甲组分每 5t 为一批，不足 5t 按一批计
	聚乙酸乙烯酯胶粘剂、橡胶类胶粘剂、VAE 乳液类胶粘剂、丙烯酸酯类胶粘剂等，组批按同一厂家、同一品种、同一规格产品每 5t 为一批，不足 5t 按一批计
溶剂型胶粘剂	聚氨酯类胶粘剂组批按同一厂家以甲组分每 5t 为一批，不足 5t 按一批计
	氯丁橡胶胶粘剂、SBS 胶粘剂、丙烯酸酯类胶粘剂等，组批按同一厂家、同一品种、同一规格产品每 5t 为一批，不足 5t 按一批计

续表

材料名称	组批要求
本体型胶粘剂	环氧类(A组分)胶粘剂,组批按同一厂家以A组分每5t为一批,不足5t按一批计
	有机硅类胶粘剂(含MS)等,组批按同一厂家、同一品种、同一规格产品每5t为一批,不足5t按一批计
水性阻燃剂、防水剂和防腐剂等水性处理剂	组批按同一厂家、同一品种、同一规格产品每5t为一批,不足5t按一批计
防火涂料	组批按同一厂家、同一品种、同一规格产品每5t为一批,不足5t按一批计

(3) 当建筑主体材料和装饰装修材料进场检验，发现不符合设计要求及本标准的有关规定时，不得使用。

(4) 施工单位应按设计要求及本标准的有关规定进行施工，不得擅自更改设计文件要求。当需要更改时，应经原设计单位确认后按施工变更程序有关规定进行。

(5) 民用建筑室内装饰装修，当多次重复使用同一装饰装修设计时，宜先做样板间，并对其室内环境污染物浓度进行检测。

(6) 样板间室内环境污染物浓度检测方法，应符合本标准第6章有关规定。当检测结果不符合本标准的规定时，应查找原因并采取改进措施。

4. 验收

(1) 民用建筑工程及室内装饰装修工程的室内环境质量验收，应在工程完工不少于7d后、工程交付使用前进行。

(2) 民用建筑工程竣工验收时，应检查下列资料：

1) 工程地质勘察报告、工程地点土壤中氡浓度或氡析出率检测报告、高土壤氡工程地点土壤天然放射性核素镭-226、钍-232、钾-40含量检测报告；

2) 涉及室内新风量的设计、施工文件，以及新风量检测报告；

3) 涉及室内环境污染控制的施工图设计文件及工程设计变更文件；

4) 建筑主体材料和装饰装修材料的污染物检测报告、材料进场检验记录、复验报告；

5) 与室内环境污染控制有关的隐蔽工程验收记录、施工记录；

6) 样板间的室内环境污染物浓度检测报告（不做样板间的除外）；

7) 室内空气中污染物浓度检测报告。

2.3.4 《室内绿色装饰装修选材评价体系》GB/T 39126—2020（节选）

室内装饰装修材料的选择影响室内环境质量，是室内装饰装修的首要环节。室内装饰装修材料选择不当及多种装饰材料的集成应用，会造成室内空气污染；甚至完全符合标准的装饰装修材料应用于室内时，污染物浓度仍然会超过室内空气质量标准的要求。选材不当还会造成室内环境的健康舒适性差。而使用可持续发展性差的材料，会使资源和能源过度消耗，影响发展的可持续性。

制定本标准的目的是从装饰装修设计选材阶段开始对室内空气污染进行预测与控制，并兼顾材料发展的绿色化和可持续性要求，为实现室内绿色化装饰装修提供技术标准和方法支撑。

本标准用污染源头控制理念，建立了可靠的装饰装修材料污染物释放量的测试方法，并确定材料污染物释放量与承载率的关系，进而建立空气污染预评价方法。本标准计算多种装饰装修材料集成应用时，室内甲醛、苯、甲苯、二甲苯、TVOC等污染物的浓度值，从而对室内空气污染浓度进行预评价；并对室内装饰装修材料的环境健康改善性能和可持续性等指标进行评价；根据评价结果，可对室内装饰装修材料进行选择调整。

本标准预评结果为装饰企业、业主选择装饰材料提供参考和指导，并引导装饰装修材料生产企业更加注重装饰装修材料的环保性能、功能性和可持续性，促进绿色装饰装修材料的应用和发展，创造安全、舒适、健康、绿色环保的室内居住环境。

1. 标准的适用范围

本标准适用于民用建筑工程室内装饰装修材料选择的评价。

2. 标准的主要技术内容

本标准给出了室内装饰装修选材的通则、控制项、评分项等。

（1）通则。确定了满分为110分，其中，室内空气污染度70分，室内环境健康改善功能20分，可持续性10分，加分项10分。根据装饰装修项目评价得分，划分为一星级（☆）、二星级（☆☆）、三星级（☆☆☆）。

（2）控制项。室内甲醛、苯、甲苯、二甲苯、TVOC五项污染物的浓度预测值不高于浓度限值后，方可进行评分。

（3）评分项。主要条文有评分项评价步骤、室内空气污染度评价、室内环境健康功能性评价、可持续性评价、加分项评价、评分项评分、等级划分等。

第3章　新材料、新机具

第1节　装饰板材、地板的基本构造和产品标准

装饰装修用新型板材、木质地板，其产品的污染物释放应符合《民用建筑工程室内环境污染控制标准》GB 50325、《室内装饰装修材料 人造板及其制品中甲醛释放限量》GB 18580、《住宅建筑室内装修污染控制技术标准》JGJ/T 436 等标准的要求。其产品的防火性能需满足《建筑设计防火规范（2018 年版）》GB 50016、《建筑内部装修设计防火规范》GB 50222 等标准的要求。

3.1.1　无机装饰板

无机装饰板（图 3-1）是选用 100%无石棉的无机硅酸钙盐板作为基层材料，表面覆涂高性能氟碳涂层、聚酯涂层或者陶瓷无机涂层，经过特殊的釉化处理，使其表面具有极强的耐候性，该板材具有卓越的防火性、耐久性、耐水性、耐化学药品性、耐磨性、易清洁等特征，外观亮丽，色彩丰富，清新时尚。

图 3-1　无机装饰板

无机装饰板主要应用于公共建筑和民用建筑的室内、室外装饰，适用于机场、隧道、地铁、车站、医院、洁净厂房、商场、学校、写字楼和实验室等。

3.1.2　木塑复合板

木塑复合材料（Wood-Plastic Composites，WPC）是国内外近年蓬勃兴起的一类新型复合材料（图 3-2），指利用聚乙烯、聚丙烯和聚氯乙烯等，代替通常的树脂胶粘剂，与超过 50%以上的木粉、稻壳、秸秆等废弃植物纤维混合成新的木质材料，再经挤压、模压、注射成形等塑料加工工艺，生产出的板材或型材。主要用于建材、家具、物流包装等行业。将塑料和木质粉料按一定比例混合后经热挤压成形的板材，称之为挤压木塑复合板材。

图 3-2　木塑复合材料

木塑复合材料的基础为高密度聚乙烯和木质纤维，决定了其自身具有塑料和木材的某些特性。

（1）良好的加工性能。木塑复合材料内含塑料和纤维，因此，具有同木材相类似的加工性能，可锯、可钉、可刨，使用木工器具即可完成，且握钉力明显优于其他合成材料。机械性能优于木质材料。握钉力一般是木材的3倍，是刨花板的5倍。

（2）良好的强度性能。木塑复合材料内含塑料，因而具有较好的弹性模量。此外，由于内含纤维并经与塑料充分混合，因而具有与硬木相当的抗压、抗弯曲等物理机械性能，并且其耐用性明显优于普通木质材料。表面硬度高，一般是木材的2～5倍。

（3）具有耐水、耐腐性能，使用寿命长。木塑材料及其产品与木材相比，可抗强酸碱、耐水、耐腐蚀，并且不繁殖细菌、不易被虫蛀、不长真菌。使用寿命长，可达50年以上。

（4）优良的可调整性能。通过助剂，塑料可以发生聚合、发泡、固化、改性等改变，从而改变木塑材料的密度、强度等特性，还可以达到抗老化、防静电、阻燃等特殊要求。

（5）具有紫外线光稳定性、着色性良好性能。

（6）其最大优点就是变废为宝，并可100%回收再生产。可以分解，不会造成“白色污染”，是真正的绿色环保产品。可以根据需要，制成任意形状和尺寸大小。

（7）原料来源广泛。生产木塑复合材料的塑料原料主要是高密度聚乙烯或聚丙烯，木质纤维可以是木粉、谷糠或木纤维，另外还需要少量添加剂和其他加工助剂。

3.1.3　纳碳木发热地板

纳碳木是一种以现代电子科技材料与化学材料技术为手段，与各类传统木质材料进行融合和纤维复合所产生的一种全新材料。当冬季需要其发热制暖时，木制品在电能的驱动下将源源不断地向外空间持续散发40℃左右的非可见远红外光，与冬季太阳光的主要成分一致，隐形、温暖、舒适、健康。纳碳木发热地板是用纳碳木板材生产的新型地板。

纳碳木发热地板的原理是将非金属材料采用科技手段以分子形式打入木纤维中，使其均匀地分布于整块木板中，分子与分子之间相互做布朗运动，摩擦散发出对人体有益的远红外线，达到发热取暖的效果（图3-3）。

图3-3　纳碳木发热地板

纳碳木的科学制作原理，使得其地板有与众不同的优势：

（1）自发热地板中不夹入任何金属材料，没有电磁辐射，可以直接切割、穿击，击穿后仍然可以正常发热。

（2）纳碳木发热地板，在通过无甲醛实验前提下，拥有浸渍剥离实验专利。纳碳木发热地板是通过两次高温、高压、冷却循环工艺技术制作而成，不含任何金属导电材料，所以不怕水，不怕漏电，不怕电磁辐射，不会有噪声，不会起翘变形，防蛀防潮。

3.1.4　石塑地板

石塑地板的专业术语是“PVC片材地板”（图3-4），是一种高品质的新型地面装饰材料，又称为石塑地砖。采用天然的大理石粉构成高密度、高纤维网状结构的坚实基层，表面覆以超强耐磨的高分子PVC耐磨层，经上百道工序加工而成。

图3-4　石塑地板

石塑地板具有明显的优点：

（1）由于石塑地板主要原料是天然大理石粉，不含任何放射性，是绿色环保的新型地面装饰材料。

（2）石塑地板厚度为2～3mm，每平方米重量为2～3kg，是普通地面材料的10%，其在楼梯承重和节约空间方面，有很大的优势。

（3）石塑地板表面有一层特殊的经高科技加工的透明耐磨层，耐磨转数达300000r/min，具有超强的耐磨性。除此以外，石塑地板还具有防火阻燃、防水防潮、吸声防噪、超强防滑、高弹性和超强抗冲击性、耐酸碱腐蚀、导热保暖等优势。

因此，石塑地板适用于人流量大的医院、学校、商场、写字楼、车站候车大厅等场所。

第2节　UHPC超高性能混凝土板、不锈钢幕墙板等的构造和产品性能

3.2.1　UHPC超高性能混凝土板

UHPC超高性能混凝土板（以下简称UHPC）具有卓越的高强度、高耐久性及生态环保功能。UHPC融结构与功能于一体，集科技、绿色和艺术于一身，具有丰富的美学表现力，能展示出丰富的表面肌理和独具创意的外形特征，可广泛应用于城市公共建筑、文化艺术建筑、旅游地标建筑的外立面和屋顶，以及室内的景观和空间装饰等。

1. UHPC的特性

UHPC是一种高强度、高韧性、孔隙率低的超高强水泥基材料。其基本配制原理是：通过提高组织成分的细度与活性，不使用粗骨料，使材料内部的孔隙与微裂缝减到最小，以获得超高强度与高耐久性。

（1）高强、防火、抗爆、抗冰雹、抗化学腐蚀：UHPC的性能卓越、轻质高强，无需另加钢筋等支撑，即可实现更薄界面、更长跨距。

（2）高耐久性：UHPC在冻融循环、海洋环境、硫铝酸盐侵蚀、弱酸侵蚀和碳化等条件下，能够长时间阻止各种有毒、有害物质渗透至基体内部，且其具有自愈能力，防水效果较好。

（3）美观性：UHPC能够辅助实现建筑的优雅造型和丰富的颜色效果。

（4）延展性：水泥基材料与金属纤维、有机纤维的结合，可实现抗压强度和抗折强度的有机平衡。

（5）可持续性：UHPC能够降低建筑成本、模具成本、劳动力成本和维修成本等，增强建筑场地的安全性，延长建筑生命周期。

2. UHPC的技术指标

（1）UHPC抗拉性能分级（表3-1）

UHPC抗拉性能分级　　表3-1

参数	要求		
	UT05	UT07	UT10
f_{te}(MPa)	≥5.0	≥7.0	≥10.0
f_{tr}(MPa)	≥3.5	—	—
f_{tu}/f_{te}	—	≥1.1	≥1.2
ε_{tu}(%)	—	≥0.15	≥0.20

注：表中f_{tr}为变形达到0.15%时对应的拉伸强度。

（2）UHPC抗压性能分级（表3-2）

UHPC抗压性能分级　　表3-2

参数	要求		
	UC120	UC150	UC180
f_{eu}(MPa)	$120 \leqslant f_{eu} < 150$	$150 \leqslant f_{eu} < 180$	$180 \leqslant f_{eu} < 210$

（3）分级标记

按UHPC的抗渗透性能等级、抗拉性能等级、抗压性能等级顺序对混凝土的性能进行分级标记。各类分级中重复的“U”字符，只保留首个；各类分级间空一格。

示例1：UD02 T10表示UHPC满足抗渗性能UD02等级和抗拉性能UT10等级要求。

示例2：UD02 C180表示UHPC满足抗渗性能UD02等级和抗压性能UC180等级要求。

示例3：UD02 T10 C180表示UHPC满足抗渗性能UD02等级、抗拉性能UT10和抗压性能UC180等级要求。

3. UHPC的颜色与表面肌理

（1）颜色可依据色卡打样，或根据具体的项目设计要求定制。

（2）表面肌理可根据具体项目需求定制（图3-5）。

UHPC的代表性项目案例见图3-6、图3-7。

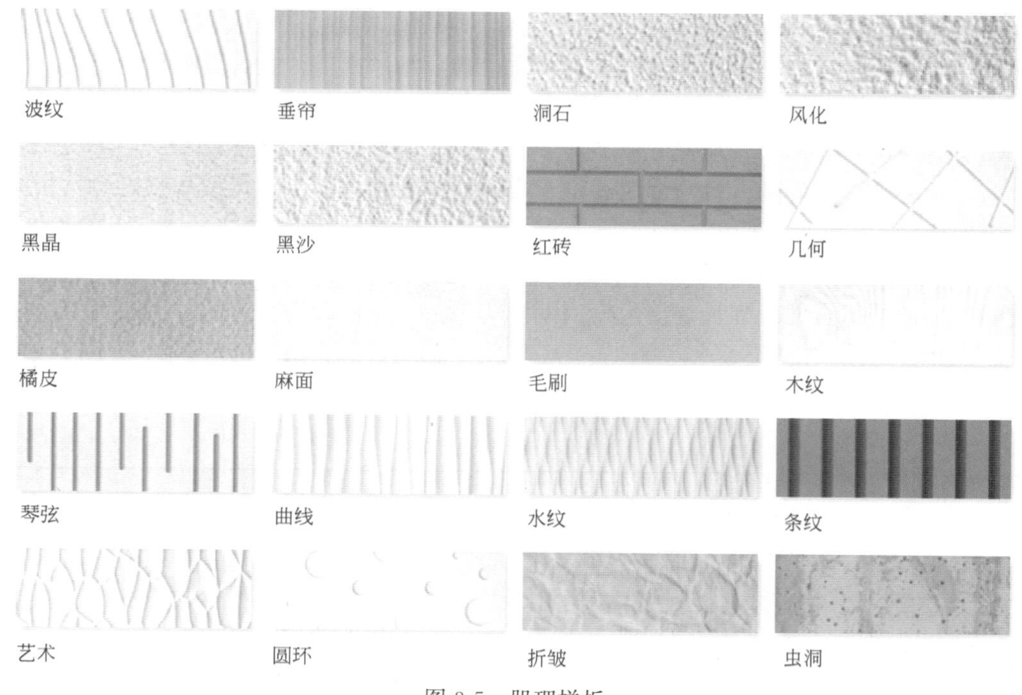

图 3-5 肌理样板

图 3-6 深圳悦彩城 UHPC 外墙板、UHPC 镂空板

图 3-7　上海音乐学院歌剧院内外装饰和屋面 UHPC 板

3.2.2　不锈钢幕墙板

不锈钢具有独特的强度、较高的耐磨性、优越的防腐性，且不易生锈，广泛应用于化工行业、机电行业、环保行业等。建筑室内外装饰装修中大量应用不锈钢，也可给予人们以华丽高贵的感觉（图 3-8～图 3-11）。

图 3-8　不锈钢雕花

图 3-9　拉丝不锈钢板

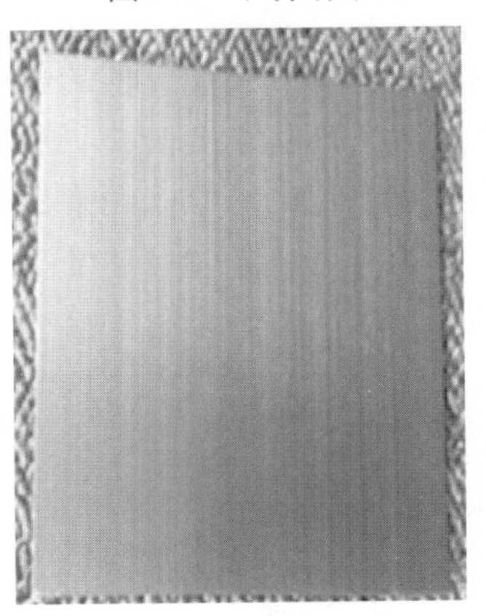

图 3-10　不锈钢板喷砂

图 3-11　不锈钢板彩色电镀

1. 不锈钢幕墙板的要求

幕墙采用的不锈钢宜采用奥氏体不锈钢材，其技术要求和性能试验方法应符合国家现行标准的规定。

（1）不锈钢材的技术要求应符合下列现行国家标准的规定：

1）《不锈钢冷轧钢板和钢带》GB/T 3280；

2）《不锈钢棒》GB/T 1220；

3）《不锈钢冷加工钢棒》GB/T 4226；

4）《不锈钢热轧钢板和钢带》GB/T 4237；

5）《冷顶锻用不锈钢丝》GB/T 4232；

6）《形状和位置公差　未注公差值》GB/T 1184。

（2）不锈钢材主要性能试验方法应符合下列现行国家标准的规定：

1）《金属材料　弯曲试验方法》GB/T 232；

2）《金属材料　拉伸试验　第1部分：室温试验方法》GB/T 228.1。

2. 不锈钢幕墙板构造要求

幕墙中不同的金属材料接触处，除不锈钢外均应设置耐热的环氧树脂玻璃纤维布或尼龙12垫片。

3. 不锈钢幕墙板性能

不锈钢幕墙板的强度设计值应按表3-3采用。

不锈钢幕墙板的强度设计值　　表3-3

序号	屈服强度标准值 $\sigma_{0.2}$	抗弯、抗拉强度 f_{ts1}	抗剪强度 f_{vs1}
1	170	154	120
2	200	180	140
3	220	200	155
4	250	226	176

3.2.3　纤维水泥板

纤维水泥平板是以有机合成纤维、无机矿物纤维或纤维素纤维为增强材料，以水泥或水泥中添加硅质、钙质材料代替部分水泥为胶凝材料（硅质、钙质材料的总用量不超过胶凝材料总量的80%），经成形、蒸汽或高压蒸汽养护制成的板材。

无石棉纤维水泥板是用非石棉类纤维作为增强材料制成的纤维水泥平板，制品中石棉成分含量为零。

幕墙中一般选用高密度无石棉纤维水泥板作面板。

1. 纤维水泥板的分类

（1）无石棉板的产品代号为NAF。

（2）根据密度分为三类：低密度板（代号L）、中密度板（代号M）、高密度板（代号H）。

1）低密度板仅适用于不受太阳、雨水和（或）雪直接作用的区域使用。

2）高密度板及中密度板适用于可能受太阳、雨水和（或）雪直接作用的区域使用。

交货时可进行表面涂层或浸渍处理。

2. 纤维水泥板的等级

根据抗折强度分为五个强度等级：Ⅰ级、Ⅱ级、Ⅲ级、Ⅳ级、Ⅴ级。

3. 纤维水泥板性能

（1）物理性能

无石棉板的物理性能应符合表 3-4 的规定。

物理性能 表 3-4

类别	密度 D (g/cm^3)	吸水率(%)	含水率(%)	不透水性	湿胀率(%)	不燃性	抗冻性
低密度	$0.8 \leq D \leq 1.1$	—	≤12	—	蒸压养护制品≤0.25；蒸汽养护制品≤0.5	GB 8624—2012 不燃性 A 级	—
中密度	$1.1 < D \leq 1.4$	≤40	—	24h 检验后允许板反面出现湿痕，但不得出现水滴			—
高密度	$1.4 < D \leq 1.7$	≤28	—				经 25 次冻融循环，不得出现破裂、分层

（2）力学性能

无石棉板的力学性能应符合表 3-5 的规定。

力学性能 表 3-5

强度等级	抗折强度(MPa)	
	气干状态	饱水状态
Ⅰ级	4	—
Ⅱ级	7	4
Ⅲ级	10	7
Ⅳ级	16	13
Ⅴ级	22	18

注：1. 蒸汽养护制品试样龄期不小于 7d。
2. 蒸压养护制品试样龄期为出釜后不小于 1d。
3. 抗折强度为试件纵、横向抗折强度的算术平均值。
4. 气干状态是指试件应存放在温度不低于 5℃、相对湿度（60±10）%的试验室中，当板的厚度≤20mm 时，最少存放 3d；而当板的厚度>20mm 时，最少存放 7d。
5. 饱水状态是指试件在 5℃以上水中浸泡，当板的厚度≤20mm 时，最少浸泡 24h；而当板的厚度>20mm 时，最少浸泡 48h。

3.2.4 不锈钢蜂窝板

不锈钢蜂窝板是表板采用拉丝不锈钢板或者镜面不锈钢板，背板采用镀锌钢板，芯材采用铝蜂窝芯，经过专用粘合剂复合而成的板材。

不锈钢蜂窝板的特性如下：

（1）轻便、安装负荷低；

（2）单块面积大，平整度极高、不易变形，安全系数高；

（3）有很好的隔声、保温性能；

（4）成本低，质量好，比 2mm 不锈钢单板价格低，但是平整度要比 3mm 不锈钢单板高；

（5）具有很强的耐腐蚀性。

3.2.5 ASLOC挤塑成形水泥板

ASLOC挤塑成形水泥板是以水泥、硅酸盐以及纤维质为主要原料的绿色新型墙体材料，属于中空型条板形状水泥预制板构件，用先进挤塑成形工艺预制，并通过二次高温高压蒸汽养护最终成形。

ASLOC挤塑成形水泥板的特性如下：

（1）尺寸大

ASLOC板规格齐全最长可达5m，标准宽度为1000mm（最宽可达1200mm）。大尺寸可以减少墙面的拼缝，增强视觉效果。

（2）强度高

强度高、刚性强，能够支撑很大的跨度，可以节省安装中的用钢量，具有很大的经济性。

（3）耐候性

ASLOC板材质紧密，表面吸水率低，不需要做防水处理。同时由于其吸水率低，有很强的抗冻融性，使用寿命长、性能稳定。

（4）耐火性

ASLOC板是一种不燃材料，不论是作为外墙还是内隔墙均能达到相应的耐火极限的要求。

（5）隔声性

ASLOC板的中空结构，从低声区域到高声区域都具有良好的隔声性能。

（6）经济性

由于ASLOC板的中空结构，板材重量轻，不需要大型的起重机械即可施工，还能够减轻建筑物的结构和基础的负担。

（7）装饰效果多样性

ASLOC素面板的表面光滑及其自然的质感，可以直接使用，也可施以涂料装饰或直接贴瓷砖及其他陶瓷类装饰材料，还可以通过改变模具或借助滚压工艺实现各种浮雕的装饰效果。

（8）环保性

ASLOC板不含石棉，是绿色环保制品。

第3节 光电幕墙板、铝芯复合板的构造和特性

3.3.1 光电幕墙板

太阳能是一种取之不尽、用之不竭的能源。为了把太阳能转换成不占空间的可利用的洁净能源，专业人员通过实验研究，将光电技术与幕墙系统技术科学地结合在一起，研发出了光电幕墙板系统。

光电板，也称“太阳能光电板”，是光电幕墙的基本组件（图3-12），是将光能转换成电力的器件。它不需燃料，不产生废气，无余热，无废渣，无噪声污染，可通过太阳能光电池和半导体材料对自然光进行采集、转化、蓄积、变压，最后联入建筑供电网络，为

建筑提供可靠的电力支持，使光电幕墙本身产生效益，并可节省传统的建筑外装饰材料。

光电幕墙系统是一种集发电、隔声、隔热、装饰等功能于一体，把光电技术与幕墙技术相结合的新型功能性幕墙，代表着幕墙技术发展的新方向。

光电幕墙主要特点：

光电幕墙具有将光能转化为电能的功能，实现光电转换的关键部件是光电模板。光电模板背面可衬以不同颜色，以适应不同的建筑风格。其特殊的外观具有独特的装饰效果，可赋予建筑物鲜明的时代色彩。目前，许多工程已经成功应用太阳光伏电源系统，实现了由节能向创造能源的巨大转变。

光电幕墙的基本单元为光电板，而光电板是由若干个光电电池进行串、并联组合而成的电池阵列，把光电板安装在建筑幕墙相应的结构上就组成了太阳光伏电源系统。太阳光伏电源系统的立柱和横梁一般采用铝合金龙骨；光电模板要便于更换。

图 3-12　光电板

3.3.2　铝芯复合板

铝芯复合板又称为结构式铝板（图 3-13），是一种夹层结构的蜂窝型复合材料，是航空、航天材料在建筑领域的应用。其由上下两层铝板通过胶粘剂或胶膜与铝蜂窝芯复合而成，没有铝蜂窝板单价昂贵，却比铝蜂窝板更坚固，质量更稳定。其构成均为金属材质，无塑料成分，百分百环保且达到 A 级防火，却又具有铝塑板简易加工的特性。其为三维物理结构，铝材用量少，比铝单板更轻量，板面却更平整，且可选择多样化外观效果，不论是仿石纹，仿木纹或是拉丝镜面，皆可完美展现。

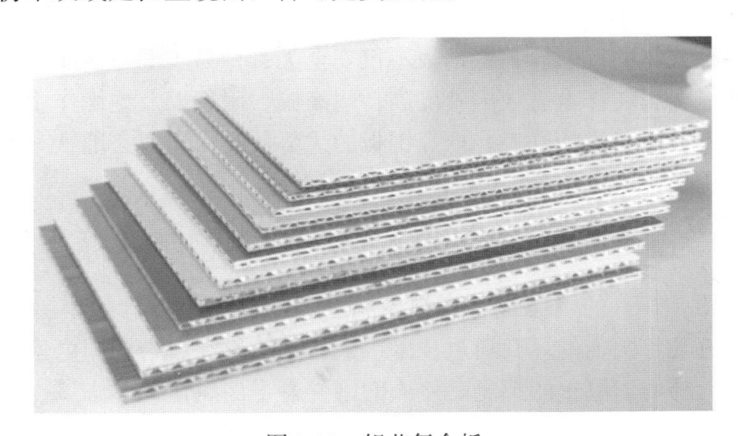

图 3-13　铝芯复合板

铝芯复合板的剥离强度高，面板或底板的外侧可依次叠靠另一结构相同的芯板和第四层板，各方向上的抗弯应力都较强。铝芯复合板是由多功能复合板生产成套设备以流水线方式产出，生产效率、等品率较高，成本较低，应用领域较为广泛。

铝芯复合板的基材组成是合金铝板，推荐 TiO_2 涂层，若需其他色系，可选用 PVDF 涂层或木纹膜涂层颜色，也可参考 RAL 色卡调色定制加工。铝芯复合板宽度有 1220mm 和 1570mm（大宽幅）两种，长度为 2440mm，厚度可根据设计要求及运输条件定制，有 3mm、4mm、6mm 三种，防火性能达到 A_2 级。

铝单板一般采用 2～4mm 厚的 AA1100 纯铝板或 AA3003 的铝合金板，国内一般使用 2.5mm 厚 AA3003 铝合金板；铝塑复合板一般采用 3～4mm 三层结构，包括上下两个 0.5mm 夹着 PVC 或 PE。

铝芯复合板主要用于金属幕墙板、内装墙面集成板、公共建筑物超长（≥6m）条型天花板、功能性（机房、手术室）专用板、船舶内舱专用装饰板等。

第 4 节　搪瓷钢板的产品特性

搪瓷钢板是将无机玻璃质材料通过熔融凝于基体钢板上并与钢板牢固结合在一起的一种复合材料（图 3-14）。

图 3-14　搪瓷钢板

在钢板表面进行瓷釉涂搪可以防止钢板生锈，使钢板在受热时不至于在表面形成氧化层并且能抵抗各种液体的侵蚀。搪瓷钢板不仅安全无毒，易于洗涤洁净，而且在特定的条件下，瓷釉涂搪在金属坯体上表现出硬度高、耐高温、耐磨以及绝缘作用等优良性能，瓷釉层还可以赋予钢板以美丽的外表。搪瓷钢板的优势使其在隧道、地铁车站装饰工程中脱颖而出，广泛使用。

第 5 节　质感涂料的基本构造和产品标准

质感涂料（图 3-15）的灵感最早来自希腊半岛上的风格各异的小屋，其在国外已经大量广泛使用，近几年国内的厂商通过技术引进，把质感涂料带到国内建筑行业，立即引起轰动，其纹路，朴实、厚重的感觉，使人们享受着半岛风情。

质感涂料主要有弹性质感涂料、干粉质感涂料、湿浆质感涂料等不同系列，其达到的效果也不一样。质感涂料以其变化无穷的立体化纹理、选择多样的个性搭配，展现出独特的空间视角，丰富而生动，令人耳目一新。这种新型艺术涂料，可以替代墙纸，而且更加环保、经济、个性化。质感涂料无辐射，自重轻，效果逼真，通过不同的施工工艺、手法和技巧，创造特殊装饰效果。质感涂料天然环保，无毒无味，既防水，又具有良好的透气性以及抗碱防腐、耐水擦洗、不起皮、不开裂、不褪色的优点。

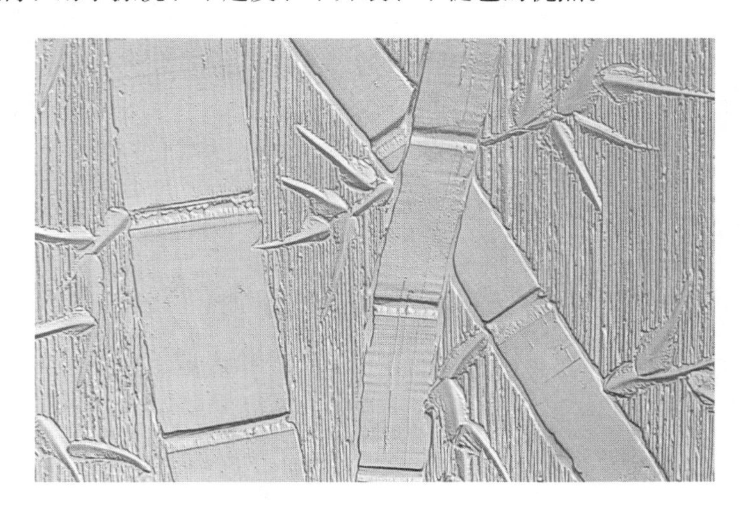

图 3-15　质感涂料

第 6 节　贝壳粉等绿色环保涂料的性能和质量标准

贝壳粉涂料（图 3-16）是采用天然的贝壳粉为原料，经过研磨及特殊工艺制成的近年来新兴的家装内墙涂料，自然环保是其最重要的优势。

贝壳粉的主要成分为碳酸钙，含少量氧化钙、氢氧化钙等钙化物，其本身又为多孔纤维状双螺旋体结构，具有真正的吸附、分解甲醛的功效，同时也能将空气中的有害气体如苯、TVOC、氨气等进行有效的清除。

贝克粉涂料以经过生物活化技术处理的天然多微细结构孔道贝壳为原材料，其成分100％为钙，具有很好的防静电性能。

贝壳粉的多孔结构有利于制成具有光触媒特性的内墙生态壁材，经过生物活化技术处理的贝壳粉最大保留了贝壳中的活性因子，替代了传统光触媒的作用。

贝壳粉涂料可以对室内烟味，婴幼、病人、宠物、霉菌所散发的气味以及室内杂味进行祛除，尤其对烟在室内所散发的一氧化碳和浮游粉尘具有较强的吸附作用。

经过生物活化技术处理的贝壳粉膜对大肠杆菌有极强的抗菌和杀菌作用，对沙门氏菌、黄色葡萄糖菌也有显著效应。贝壳粉涂料不仅具有高性能的抗菌性，而且具有防腐、防扁虱的功能。

经过生物活化技术处理的贝壳粉自身为高强度多孔结构，所以有良好的水呼吸功能，在低气压、高湿度状态下可使墙面不结露，而在干燥的情况下，可以将墙内储藏的水分缓缓释放。它的呼吸功能是室内湿度的调节剂，可以防止结露和微生物的产生，被誉为“会呼吸”的涂料。

贝壳粉涂料由无机材料组成，不易燃烧，即使发生火灾，贝壳粉只是会出现熔融状态，不会产生任何对人体有害的气体、烟雾等。

贝壳粉涂料选用无机矿物颜料调色，色彩柔和。当人生活在涂覆贝壳粉的居室里时，墙面反射光线自然柔和，不容易产生视觉疲劳，能有效保护人的视力，尤其对保护儿童视

贝壳粉涂料入选《北京市绿色建筑适用技术推广目录》

北京市住房和城乡建设委员会文件

京建发〔2016〕[illegible]号

北京市住房和城乡建设委员会
关于印发《北京市绿色建筑适用技术
推广目录（2016）》的通知

[illegible]

[illegible]

特此通知。

附件：北京市绿色建筑适用技术推广目录（2016）

北京市住房和城乡建设委员会

[illegible]

领域	序号	项目名称	技术简介	标准、图集、工法	适用范围	应用工程
绿色建筑室内环境健康技术	49	贝壳粉环保涂料	[illegible]	《合成树脂乳液内墙涂料》GB/T9756、[illegible]《贝壳粉装饰壁材》（企业标准）[illegible]	[illegible]	[illegible]
[illegible]	50	东方雨虹热塑性聚烯烃（TPO）单层屋面系统	[illegible]	《屋面工程质量验收规范》GB50207、《屋面工程技术规范》GB50345、[illegible]	[illegible]	[illegible]

- 25 -

图 3-16　贝壳粉涂料

力效果显著。同时贝壳粉墙面颜色持久、不褪色，墙面长期如新，增加了墙面的寿命，减少了墙面装饰次数，节约了居室成本。

第 7 节　大理石复合板、石材防护剂的构造、功能要求及质量标准

3.7.1　大理石复合板

大理石复合板（图 3-17）由两种及以上不同板材用胶粘剂粘结而成，面材一般为天然大理石材，基材为瓷砖、花岗岩板、玻璃或铝蜂窝板等。

图 3-17　大理石复合板

1. 大理石复合板的特点

（1）重量轻、强度高。大理石复合板最薄可以只有 3～5mm 厚（与铝塑板复合）。常用的复合瓷砖或花岗岩板也只有 12mm 左右厚，在大楼有载重限制的情况下，它是最佳选择。天然大理石与瓷砖、花岗岩、铝蜂窝板等复合后，其抗弯、抗折、抗剪切的强度均明显得到提高，大大降低了运输、安装、使用过程中的破损率。

（2）抗污染能力提高。普通大理石原板（通体板）在安装过程中或以后使用过程中，如用水泥湿贴，很有可能半年或一年后，大理石表面出现各种不同的变色和污渍，难以去除。复合板因其底板更加坚硬致密，同时还有一层薄薄的胶层，就避免了这种情况发生。

（3）安装方便。因具备以上特点，在安装过程中，大大提高了安装效率和安全，同时也降低了安装成本。

（4）适应范围广。普通的大理石通体板可用作外墙、地面、窗台、门廊、桌面等部位的装饰，但对于天花板的装饰，限于材料的重量，任何一家装饰公司都不敢冒险采用大理石或花岗岩。但大理石与铝塑板、铝蜂窝粘合后的复合板就突破了这个石材装饰的禁区，因为它非常轻盈，重量只有通体板的 1/10～1/5，可以确保施工后的安全。

（5）隔声、防潮。用铝蜂窝板与大理石做成的复合板，因含有用等边六边形做成的中空铝蜂芯，故拥有隔声、防潮、隔热、防寒的性能。

（6）节能、降耗。石材铝蜂窝复合板因其有隔声、防潮、保温的性能，因而，在室内

外安装后可较大地降低电能和热能的消耗。

（7）降低成本。因石材复合材较薄较轻，在运输安装上就节省了一部分成本，而且对于较贵的石材品种，做成复合板后都不同程度地比原板的成品板价格低。

此外，大理石复合板还解决了天然大理石通体板铺设地面容易造成空鼓的问题。

2. 大理石复合板的生产工艺

生产工艺较复杂，简述如下（图 3-18）：

（1）先将大理石板两面用胶粘在两块花岗岩板（或镜面砖、铝蜂窝板、玻璃板等）中间，形成“三明治”；

（2）待粘牢固后，将大理石板从中间剖切为两块；

（3）分别将一剖为二的大理石面打磨成所需要的光面。

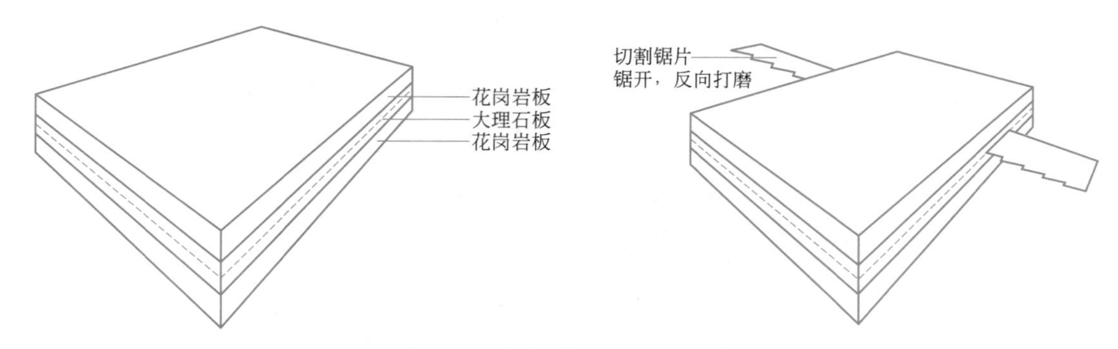

图 3-18　大理石复合板加工工艺

3. 大理石复合板的用途

大理石复合板因其复合的底板不同，性能特点各异。根据不同的使用要求和使用部位需要采用不同底板的复合板。

（1）底板用大理石、瓷砖、花岗石、硅酸钙板的使用范围

用这几种底板复合的大理石复合板几乎与通体板的使用范围相同。如果大楼有特殊的承重限制，这几种复合板重量更轻，强度也更高。

（2）底板用铝塑板的使用范围

因其超薄与超轻的性能，可适用于墙面与天花板的装饰。而且在施工过程中需用胶水粘贴，在装饰天花板时其他石材无可比拟。铝蜂窝板的特殊性能使其在外墙、内墙的干挂用途上更加具备发挥的空间，一般用于大型、高档的建筑，如机场、展览馆、五星级酒店等。

因其抗弯强度较弱、抗压强度较高的特点，也可用特殊胶水粘贴，用在舰船和游艇上。

（3）底板用玻璃的使用范围

大理石拥有非常好的透光性，用这些大理石与玻璃复合，可以达到透光的装饰效果，一般使用干挂和镶嵌方式安装，里面也可安装不同颜色的彩灯，再配上音乐，会产生梦幻般的效果。未来还可用在茶几、桌面上，可配上一些夜光材料，在关闭灯光的情况下，仍能闪烁出绚丽的夜光。

（4）底板用复合木板的使用范围

复合木板的品种很多，选择不同的木板作为底板，其产品性能也各异，可用在墙面的装饰和各种家具上。

3.7.2　石材防护剂

石材防护剂是一种专门用来保护石材的液体，主要由溶质（有效成分）、溶剂（稀释剂）和少量添加剂组成。石材防护剂可分为防水型和防污型两大类。防水型防护剂是能够对石材提供防水保护，防止石材受到水的损害的液体材料。防污型防护剂是能够防止石材受到水和其他液体污物（如果汁、食油、机油、染料等）的损害和污染的液体材料。

防水型防护剂：可以阻止水分渗透至石材内部，同时还具有防污（部分）、耐酸碱、抗老化、抗冻融、抗生物侵蚀等功能。如丙烯酸型、硅丙型和有机硅型石材防护剂等。

防污型防护剂：专门为石材表面防污而设计的防护剂，其功能性主要体现在防污性能，其他性能、效果一般。如玻化砖表面防污剂等。

第 8 节　瓷抛砖、石英石砖、薄瓷板新材料的产品性能和质量标准

3.8.1　瓷抛砖

瓷抛砖（Porcelain Polished Tile）（图 3-19），是陶瓷墙地砖的创新品类之一，其表面为瓷质材料，经印刷装饰、高温烧结、表面抛光处理而成。与表面为玻璃质材料（如釉抛砖、抛晶砖等）的陶瓷墙地砖相比，瓷抛砖具有以下特点：

（1）温润质感。新型瓷质面材，令瓷质表面温润厚重，表面面料与花岗石、大理石组成类似，但在材质硬度和耐酸性上较普通石材更胜一筹。

（2）仿石质感。具有渗透性的喷墨墨水，在面料中引入助色材料、数码喷墨渗透工艺，立体呈现逼真仿石质感。

（3）通体质感。瓷抛砖采用新型装饰工艺与手法，通体一次布料技术使产品在外观上具有通体感。

（4）耐磨耐污。通过运用新材料，瓷抛砖与表面为玻璃质材料（如釉抛砖、抛晶砖等）的陶瓷墙地砖相比，具有更高的耐磨特性与耐污性。

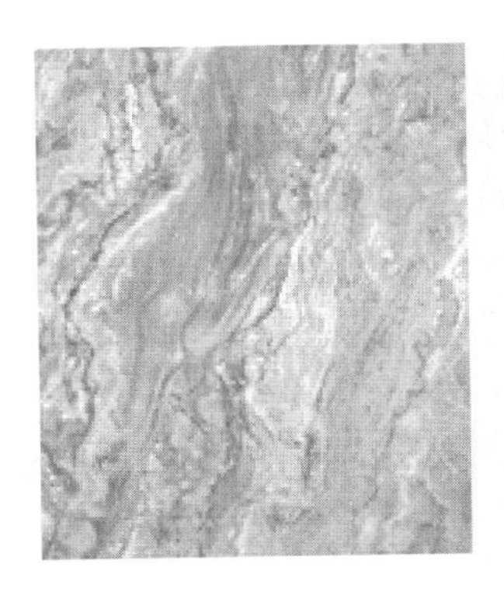

图 3-19　瓷抛转

3.8.2　石英石砖

石英石砖（图 3-20）是石英含量为 93%以上的石英石板材之一。石英是一种物理性能和化学性能均十分稳定的矿产，以石英为主要成分生产的石英石板、石英石砖优点明显。

石英石无毒、无辐射，表面光滑，平整也无划痕滞留，致密无孔的材料结构使得细菌无处藏身，其可与食物直接接触，安全无毒。优质的石英石采用精选的天然石英结晶矿

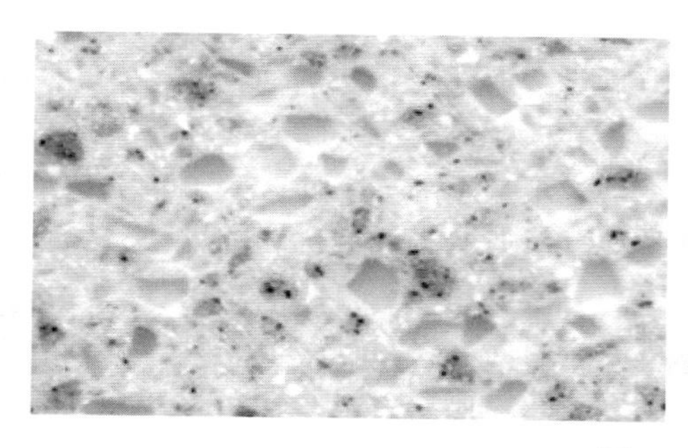
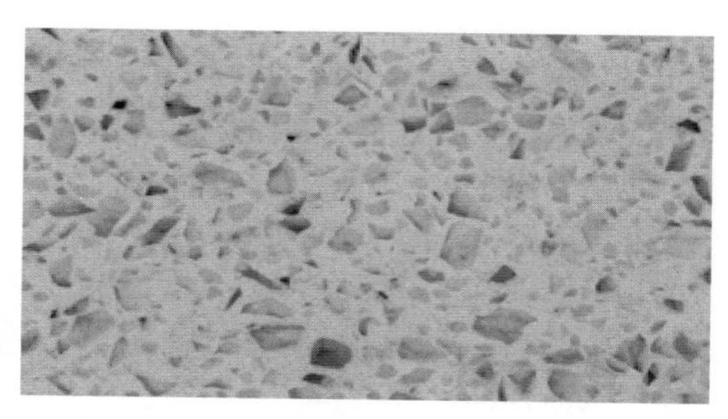

图 3-20 石英石砖

产，其 SiO_2 的含量超过 99.9%以上，并在制造过程中去杂提纯，原料中不含任何可能导致辐射的重金属杂质，94%的石英结晶体和其他的树脂添加剂使得石英石没有辐射污染的危险。

天然的石英结晶是典型的耐火材料，其熔点高达 1300℃以上，94%的天然石英制成的石英石完全阻燃，不会因接触高温而导致燃烧，也具备人造石等无法比拟的耐高温特性。

石英石是在真空条件下制造的表里如一、致密无孔的复合材料，其石英表面对酸碱等有极好的抗腐蚀能力。

石英晶体是自然界中硬度仅次于钻石的天然矿产，其表面硬度可高达莫氏硬度 7.5，光泽亮丽的表面需经过 30 多道复杂的抛光处理工艺，不会被刀铲刮伤，不会为液体物质渗透，不会产生发黄和变色等问题，日常的清洁只需用清水冲洗即可，无须特别的维护和保养。

3.8.3 薄瓷板

随着社会的加速发展，受陶瓷原料资源过度消耗、能源紧缺、环境污染等因素制约，建筑陶瓷企业的生产成本和环保压力必将日益增大，开发和应用"资源节约型、环境友好型"的薄瓷板产品已成为建筑陶瓷产业可持续发展的必然选择。

薄瓷板是一种绿色生态、节源降耗、耐候、耐用的全瓷质的饰面板型材料，产品规格尺寸齐全，300mm/600mm、400mm/800mm、500mm/1000mm、600mm/1200mm、750mm /1500mm、800mm/1600mm、900mm/1800mm、1000mm/2000mm、1200mm/2400(3600)mm 等尺寸均可生产，产品色彩、纹路、质感、光泽及规格、厚度等均可定制。

1. 主要特点

（1）大：尺寸大，最大单板面积可以达到 1.2m×3.6m，装饰效果大气。

（2）薄：厚度 4～6mm，轻薄精巧，坚韧依旧。

（3）净：表面釉面经过高温处理，易清洁，防渗透，耐高温，无辐射。

（4）轻：7～14kg/m^2，最大限度地减少建筑物的负载。

2. 基本特点

（1）高硬度、高强度：硬度比传统瓷砖更高，釉面比一般瓷砖更耐磨耗。

（2）高韧性：瓷板结晶成纤维般组织，如木材般有弹性。

（3）耐热、防火、无辐射：由天然晶状、无机陶瓷原料和无机纤维经高温烧制而成，是完全不燃的最佳耐火材料，无伤害人体的辐射成分，热膨胀率比传统瓷砖低 25%以上，无剥落危险，是最安全的绿色环保建材。

（4）耐酸碱：瓷化表面光亮、光滑，无惧化学试剂的侵蚀。

（5）抗菌、耐污垢、易清洗：采用特殊配方，含抗菌纳米材料，经高温烧制，使细菌无法在产品表面生存，表面无毛细孔，不会有灰尘污染附着，引用最新施釉技术，雨水冲洗产生自体清洗效用，保持常亮如新。

（6）花色繁多、不褪色：采用最新的喷墨打印技术，可根据客户需求随意打印各式图案，经高温烧制后，不褪色，栩栩如生。

（7）经济实惠：施工材料及人工成本比传统建材更加经济实惠。

（8）施工与加工容易：具有犹如木材般的韧性，加工容易，切割、凿洞不易裂。突破传统瓷砖或其他装饰材料施工复杂的缺点，工序少，工期短，能快速安全地完成施工。

（9）安装方法简捷、成本低：A4薄瓷板具有“薄、大、轻、硬、新”的优点。由于“轻”，其使用于外墙及内墙时，可直接湿贴，节省成本和工期；材料简单，施工轻便快捷，比传统材料至少降低了60%的安装成本，减少了50%的安装时间及工作强度；降低建筑的综合造价和提高建筑的安全指数；A4薄瓷板的剪裁、开孔、修磨边、弧度简单快捷，大大降低噪声和对环境的污染。

3. 适用范围

（1）外墙空间：饭店、大厦、集合住宅、别墅、公共设备、摩天大楼。

（2）室内空间：饭店、大厦、集合住宅、别墅、工厂改建工程。

（3）住宅空间：厨房、卫浴空间。

（4）地下公共空间：隧道、地铁、地下人行通道等。

（5）医疗空间：手术室、无菌室、化验室、病房、通道等。

（6）公共建筑空间：机场、商场、博物馆等。

（7）广告空间：幕墙、招牌等。

（8）教学空间：黑白板、实验室、体育馆等。

4. 薄瓷板与传统材料的对比性（表3-6）

薄瓷板与传统材料的对比性　　表3-6

对比	超薄瓷板	涂料	石材	铝扣板	钢化玻璃	普通瓷砖
吸水率	极低，0.02%	—	低，小于4%	低	低，接近0	0.5%左右
耐污性	强，有自洁功能	表面粗糙、耐污性差	差	较差	差，极易蒙上污垢	较强（表面有釉面保护）
色差	4个色号/10000m²	较小	天然性限制本身色差大	较小	—	较大
变色	1200℃高温烧制，不变色	紫外线照射会发黄，通常2年涂一次	较小	质量好的可以20年左右不褪色，差的几年就褪色	不褪色	800℃高温烧制，不易变色
老化	无	有机成分，存在老化剥落问题	无	外表的薄膜容易被磨蚀	结构较易老化，15～20年寿命	无

续表

对比	超薄瓷板	涂料	石材	铝扣板	钢化玻璃	普通瓷砖
建筑承载	7.1kg/m^2	几乎无重量	60～90kg/m^2（含蜂窝铝板）	5.5～7.5kg/m^2（含蜂窝铝板）	25kg/m^2	17～25 kg/m^2
色彩纹理	丰富（纯色和石纹、木纹、布纹、金属釉效果等）	较丰富（纯色）	较丰富（天然石纹）	色彩丰富，但质感单一	单一	丰富（纯色和石纹、木纹、布纹、金属釉效果等）
耐冻性	强	强	差，−20℃时易胀裂	强	强	差
热膨胀	几乎不受影响	几乎不受影响	较小	大（需留缝）	较小	较小
抗变形	强	—	较强	差	强	较强
通风隔热效果	幕墙有通风隔热效果，又可结合保暖材料	无	无	幕墙有通风隔热效果，又可结合保暖材料	差，无法使用保温材料，能耗大	无
异形建筑可用性	材质本身有冷弯能力，可围成半径5m的圆	—	—	—	—	—
其他问题	—	水泥后期膨胀，涂层无法掩盖，出现裂痕	—	—	光污染问题，有3%自爆率，有安全隐患	单位面积较小，影响美观

3.8.4 大理石瓷砖

大理石瓷砖是具有天然大理石的纹理、色彩和质感的一类瓷砖产品。其既有天然大理石的纹理、色彩、质感、手感和视觉效果，也有瓷砖的耐污、耐磨、强度高、不病变、易清洁的特性。

使用大理石瓷砖，可达到与天然大理石逼真的装饰效果，可减少石材的开采，保护自然资源，达到绿色环保、节省工程建设成本和运维成本的效果。

大理石瓷砖主要用于住宅、商业地产、办公空间等各类民用建筑与公共建筑墙、地面的装饰（图3-21）。目前，很多高端酒店也开始大面积使用大理石瓷砖。

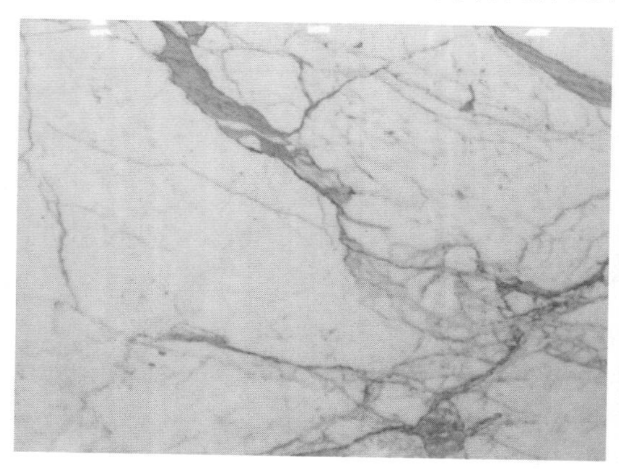

图3-21 大理石瓷砖

第 9 节　岩棉吸声吊顶材料和墙、地面隔声保温毡的产品性能和构造要求

3.9.1　岩棉吸声材料

岩棉吸声材料广泛应用于建筑装饰工程的吊顶和墙面，安装简便，持久耐用，可降低噪声污染，也可有效阻止火势蔓延（图 3-22、图 3-23）。

图 3-22　岩棉吸声吊顶材料

图 3-23　岩棉吸声墙面材料

岩棉吸声材料具有优越的声学性能，防火等级达到 A_1 级，防潮性能、反光度均达到或超过国家标准的要求，可视面为耐久型编织表面，适用于大型室内空间的吊顶及墙面装饰。

3.9.2　隔声保温毡

随着国民经济的迅速发展和人民生活水平的不断提高，居民对居住环境的要求也越来越高，简单的房屋设计要求已经越来越不能满足人们的需求。建筑隔声设计已经成为现代建筑必不可少的内容。调查结果表明：引起住户不满的建筑噪声大部分为分户楼板撞击、小孩蹦跳、室内脚步等楼板撞击声。新型隔声保温毡满足了有关应用技术标准的要求。

1. 地面隔声保温毡

不同于传统的电子交联发泡聚乙烯材料，新型地面隔声保温毡由电子交联发泡聚乙烯和特殊聚酯纤维粘合而成，得益于专有微小均匀发泡技术，新型地面隔声保温毡由封闭式微孔结构构成，即使在长期荷载的情形下，隔声毡也不会发生气泡破裂和损坏，从而导致隔声效果的降低。根据使用的要求不同，地面隔声毡具有 2mm、5mm、8mm、13mm 等多种规格（图 3-24～图 3-26、表 3-7）。

图 3-24　2mm 隔声保温毡

图 3-25　5mm 隔声保温毡

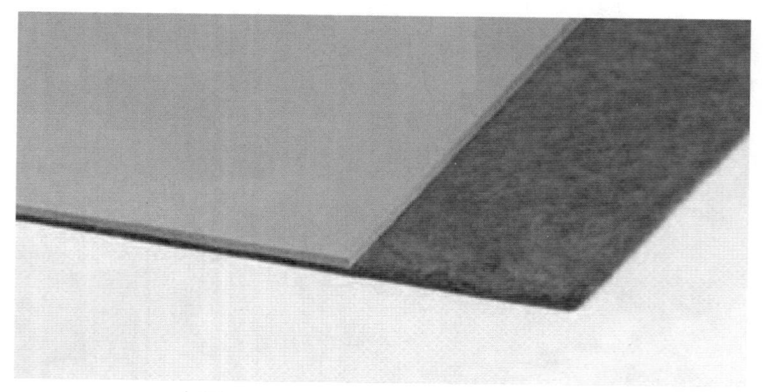

图 3-26　8mm、13mm 隔声保温毡

新型地面隔声保温毡参数　　表 3-7

厚度(mm)	撞击声改善量(dB)	动态刚性(MN/m^3)	热阻 R_t($m^2 \cdot K/W$)	备注
2	16	—	0.054	直接用于地板下
5	25	21	0.168	不同的保温效果
8	34	11	0.234	
13	34	9	0.376	

2. 墙面隔声保温毡

新型墙面隔声保温毡（图 3-27、表 3-8）是由回收聚酯纤维热粘合制成的吸声毡。此吸声毡具有优异的吸声和隔热性能，具有环境良好、寿命长等特点。同时，新型墙面隔声

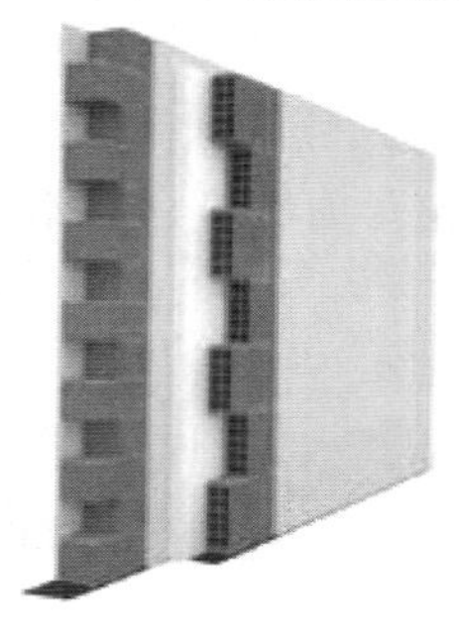

图 3-27　墙面隔声保温毡

保温毡通过《绿色建筑评估体系 LEED》及《创新、透明及绿色能源组 ITACA》的评估，获得了建筑环保荣誉证书。

墙面隔声保温毡主要参数　表 3-8

厚度	约 40mm
导热系数	Λ=0.039W/(m·K)
热阻	R_t=1.026m^2·K/W(40mm 规格)
空气声隔声能力	rw>50dB(标准砖砌成的无明显声桥的空心墙)

新型墙面隔声保温毡是一种多功能的产品。推荐使用于墙体、石膏板等声音和热量的隔绝，用于区域的划分或不同住宅单元之间。墙体隔声的基本原理是使墙壁中空，无明显的声桥，从而提供更好的空气声隔声（大于 50dB）。

3. 室内空间吸声材料

新型室内吸声材料（图 3-28、表 3-9）是由特殊回收聚酯纤维材料组成。特殊的纤维工艺确保其显著的吸声性能。它具有分层密度的技术特点，完全无毒、环保、无限寿命。可定制不同表面效果。

图 3-28　新型室内空间吸声材料

新型室内空间吸声材料主要参数　表 3-9

厚度	约 45mm
吸声系数	NRC=0.65。吸声系数等级:C 级,高吸收性
尺寸	70cm×100cm
面层	可定制印刷任何图案

新型室内吸声材料是开发用于室内吸收声音的产品。可安装于需要吸收声音的有混响的房间，如餐厅、教室、会议室等。其安装方便，使用魔术贴、挂架、特殊胶粘剂等即可安装。

第 10 节　防火玻璃、防爆玻璃等特殊玻璃的构造、功能要求及质量标准

3.10.1　防火玻璃

防火玻璃（图 3-29）是一种经过特殊工艺加工和处理，在规定的耐火试验中能够保持其完整性和隔热性的特种玻璃。防火玻璃的原片玻璃可选用浮法平面玻璃，钢化玻璃、

复合防火玻璃还可选用单片防火玻璃制造。防火玻璃的作用主要是控制火势的蔓延或隔烟，其防火的效果以耐火性能进行评价。

防火玻璃主要分为：夹层复合防火玻璃、夹丝防火玻璃、特种防火玻璃、中空防火玻璃、高强度单层铯钾防火玻璃。其质量需满足现行标准《建筑用安全玻璃　第1部分：防火玻璃》GB 15763.1 的要求。

其中，高强度单层铯钾防火玻璃，是通过特殊化学处理在高温状态下进行 20 多小时离子交换，替换了玻璃表面的金属钠，形成化学钢化应力；同时通过物理处理后，玻璃表面形成高强的压应力，大大提高了抗冲击强度。当玻璃破碎时呈微小颗粒状，减少对人体造成的伤害。单层铯钾防火玻璃的强度是普通玻璃的 6～12 倍，是钢化玻璃的 1.5～3 倍，而且高强度单层铯钾防火玻璃在紫外线及火焰作用下依然保持通透功能。

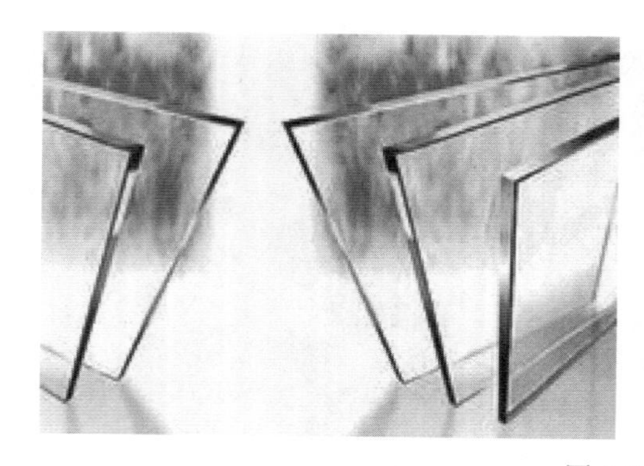

图 3-29　防火玻璃

3.10.2　防爆玻璃

防爆玻璃是在玻璃里面夹了钢丝或者是特制的薄膜，和其他材料一起做成的玻璃，是一种特殊玻璃。防爆玻璃具有高强度的安全性能，是同等普通浮法玻璃的 20 倍。一般的玻璃在遭到硬物猛力撞击时，一旦破碎就会变成粒粒细碎玻璃，飞溅四周，危及人身安全。而防爆玻璃，在遭到硬物猛力撞击时，只是会看到裂纹，玻璃却依然完好无缺，用手触摸也是光滑平整，不会伤及任何人员。

防爆玻璃除了具有高强度的安全性能，还可以防潮、防寒、防火、防紫外线。

其质量标准需满足现行标准《建筑用安全玻璃》GB 15763 的要求。

第 11 节　三维扫描仪的构造和操作方法

三维扫描仪又称 3D 扫描仪（图 3-30），三维扫描仪的用途是创建物体几何表面的点云（Point Cloud），这些点可用来插补成物体的表面形状，越密集的点云可以创建越精确的模型（这个过程称作三维重建）。若扫描仪能够取得表面颜色，则可进一步在重建的表面上粘贴材质贴图，即所谓的材质映射（Texture Mapping）。

三维扫描仪可模拟为相机，它们的视线范围都呈圆锥状，信息的搜集皆限定在一定的范围内。两者不同之处在于相机所抓取的是颜色信息，而三维扫描仪测量的是距离信息。

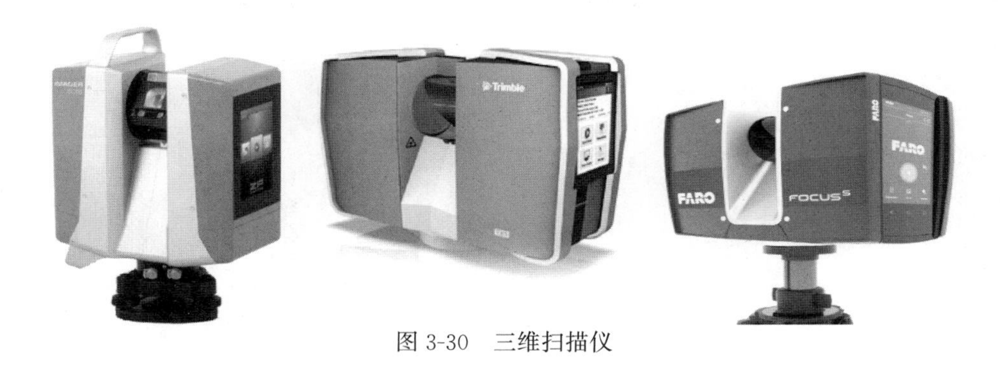

图 3-30　三维扫描仪

操作步骤：

1. 扫描

（1）根据需要扫描的对象确定测站数、测站位置和控制标靶（用来匹配每站点扫描的点云）的个数和位置。

（2）安装三维激光扫描仪，调整好其方向和倾角。

（3）连接扫描仪和计算机，接通电源，扫描仪预热后，设置好扫描参数（行数、列数和扫描分辨率等）。

（4）扫描仪自动进行扫描，一次完成各站的扫描工作。

2. 内业处理

（1）通过软件提供的坐标匹配功能，将各测站测得的点云数据“合并”成一个完整的测量目标的点云模型。

（2）剔除干扰点，通过分布框选点云，最终完成整个扫描对象的建模，并可以对模型进行渲染、照明和设定其材质。

第 12 节　便携式全能激光放线仪、新型测量画线工具的性能和使用方法

3.12.1　便携式全能激光放线仪

便携式全能激光放线仪（图 3-31）是整体结构为三自由度框架结构的激光放线仪。它是在水平调节底座组件上面安装一个支架，支架下部安装激光水平直线组件，在支架的上部设置了一个转动筒座，筒座通孔与主筒半部转动连接，主筒另一半部呈鼓形。手轮外露在仪器上部，光电系统安装在主筒内，构成了转动的激光直线组件。该仪器除放出基准水平线外，尤其可以放出另一条不同高度角和方位角的水平线或水平线组、垂直线或垂直线组及任意斜线。

操作步骤：

1. 安装电池

使用高性能碱性电池四枚，安装时请注意极性。

2. 粗调平

通过旋转底座上的三只支腿，调整到仪器顶部水泡在线内即可（不必十分准确），此时仪器会自动整平。

图 3-31 便携式全能激光放线仪

3. 开启

右旋打开电源/缩紧开关，此时对地点点亮，同时水泡下发光指示点亮。

4. 操作

根据实际情况，按机壳顶部 V/H（V 代表垂直线，H 代表水平仪）来达到所需要的光线组合，如要垂线对准某一位置，可手动转动仪器，配合微调，使光线精确对准目标，如要升高或降低水平线，可配合使用三脚架（附件），来移动水平线的位置。

5. 报警

如仪器未放平，发出的激光线会闪烁，此时只需调节三个地角支腿，只要光线不闪烁即可。

6. 室外

如在室外操作，光线不宜看见，可配用接收器（选配件），先按仪器上的 OUTDOOR，水泡下发光管会闪烁，代表可以接收了，此时在远处移动接收器，如找到光线，中间蓝灯会亮，此时接收器边缘一条凹槽就代表光线的实际位置，如上面的红灯亮，代表光线偏上，向上移动接收器，反之，下面亮灯，向下移动接收器，以蓝灯亮为准，也可以开启接收器蜂鸣器，通过蜂鸣器发出的声音来判断。

7. 关闭

关闭时只需把锁紧开关逆旋至 OFF 状态即可，仪器自动锁紧及切断电源。

3.12.2 新型测量工具

1. 组合直尺

日常施工员一般使用钢直尺，钢直尺包括普通钢直尺和棉纤维钢尺，是测量长度的量具。尺的刻线面上下两侧刻有线纹。

随着技术不断发展，国际施工人员提出更高效的工具要求，为此国际市场上不断出现组合直尺产品，如带激光红外线组合直尺、组合水平与垂直水准泡组合直尺、可调角度与长度组合直尺等，特别是一种多功能组合尺，逐步得到施工员的喜爱与推广（图 3-32）。

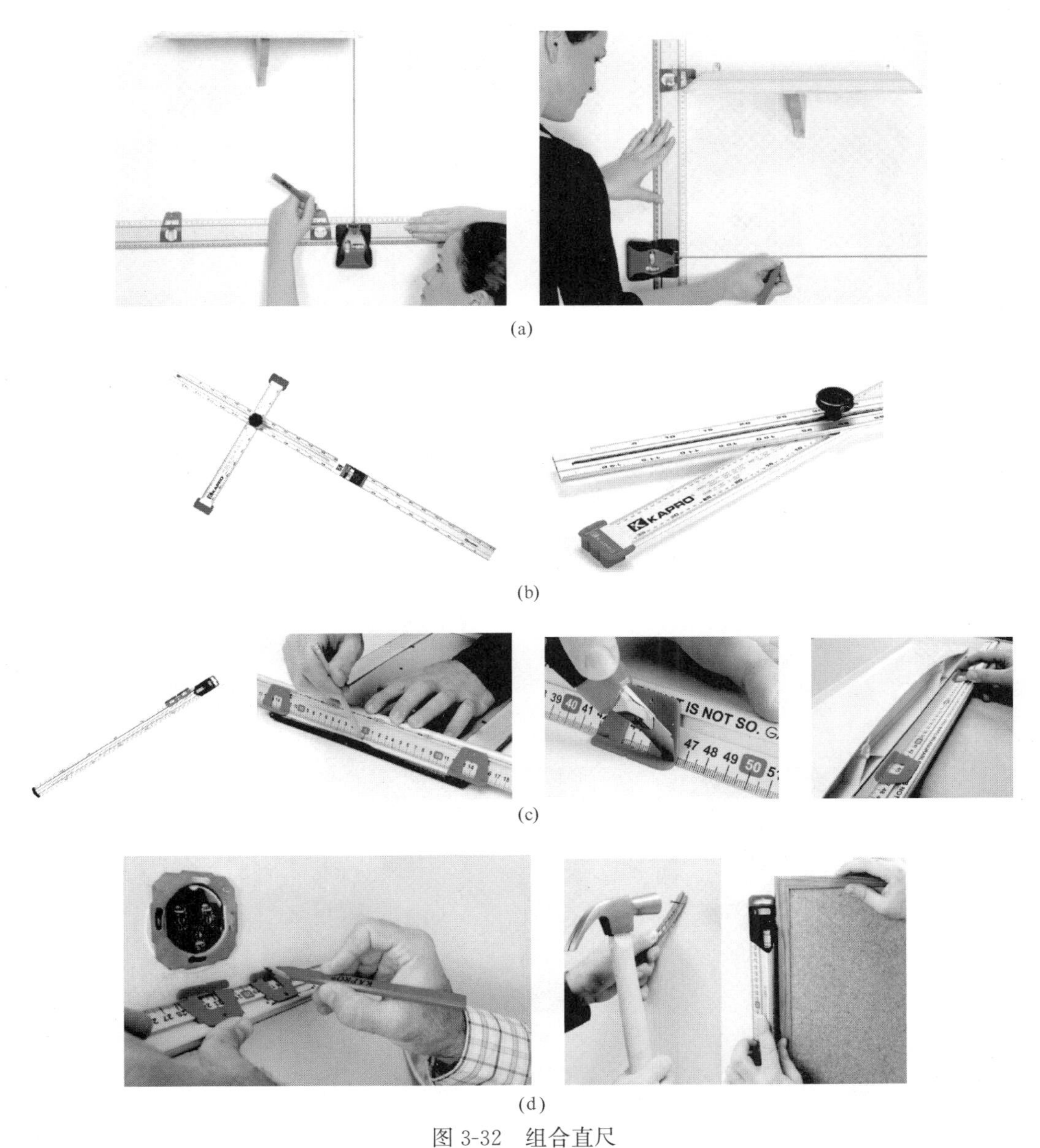

图 3-32　组合直尺

（a）一种平面布局和标注、激光组合尺；（b）一种 T 形可调组合尺；（c）一种多功能标注尺；（d）具有安全切割、对齐、标记位置、找平等多种功能

2. 新长度测量工具

钢卷尺是最常规的长度测量工具，但国际市场上出现了越来越多的改进的卷尺（图 3-33）。

3. 角尺

常用角尺为 90°角尺，也叫直角尺，是测量面和基面相互垂直，用于检验直角、垂直度和平行度误差的测量器具，市场上出现不少新型改进版角尺（图 3-34），如以下几种，其中也有组合角尺产品。最特别的还是越来越被施工员接受并学习的数显角尺，它在提高效率的同时，可避免读数误判。

图 3-33 一种独特的精准测量对角的卷尺挂钩技术

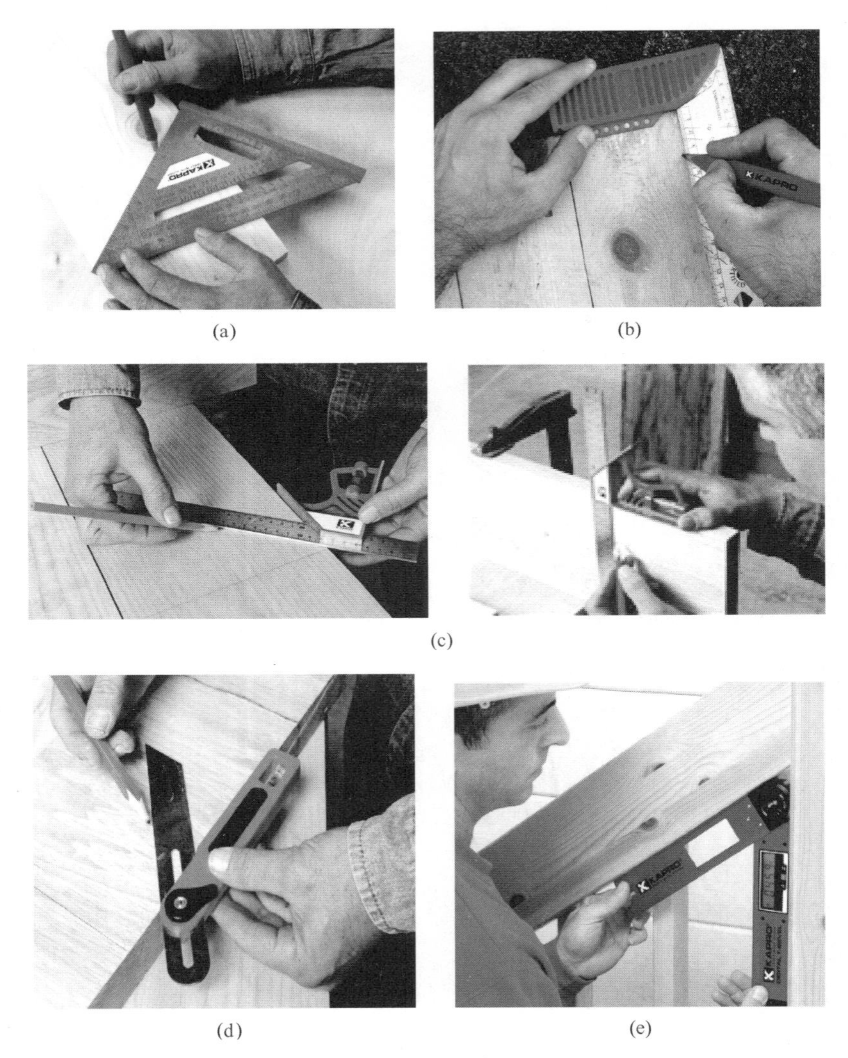

图 3-34 新型角尺

(a) 综合角度画线功能尺；(b) 木工专用塑料角尺；(c) 一种磁性锁定、无须螺栓调节的木工组合角尺；(d) 木工 T 形角尺，轻松旋转调节及锁定；(e) 数显角尺，读数方便快捷、任意调节角度

图(a) 是一种具有独特支撑边缘、无须手扶设计、一体成形的牢固90°直角、综合角度画线功能尺。

3.12.3　画线工具

1. 笔

画线笔是普通木工铅笔，但木工笔专用卷笔刀却是一种方便快捷的新工具（图3-35）。

图3-35　木工铅笔及专用卷笔刀

2. 粉斗

墨斗是用来画直线的传统工具，但市场上早已出现一种环保的高效粉斗，它是用粉加上蓝色做成，易于使用与清理（图3-36）。同时专用的画线器更适合人体工程学。

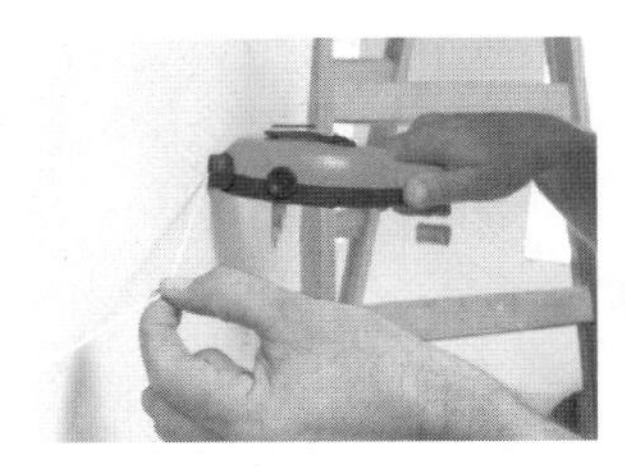

图3-36　一种新型环保弹线粉斗及粉

3. 激光标线仪

传统的弹线是用手工测量的方法加上墨斗打线（图3-37）。但现代直接用激光投线仪或激光标线仪，可快速标出水平、垂直线。目前市场上常用的有2线、3线、5线、12线激光标线仪。特别是近年来施工员越来越喜欢使用绿光激光标线仪，因为绿光在亮度较高的场所也能清晰可见。使用精准激光标线仪，借助快捷方便的支撑杆，可提高吊顶弹线的准确性与高效性（图3-38）。

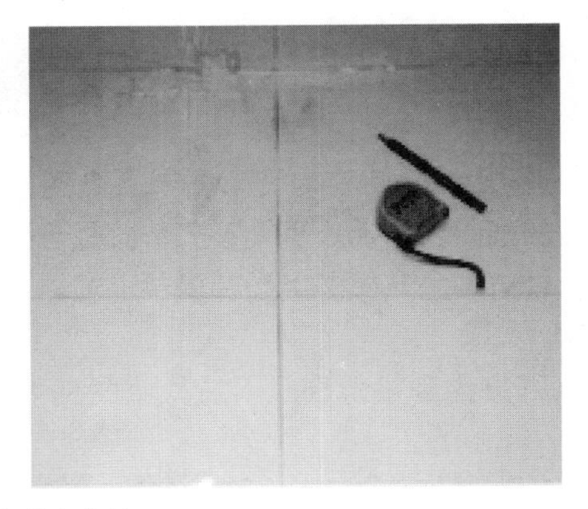

图3-37　传统弹十字线

图 3-38 激光十字标线仪一步到位

第 13 节 新型水平尺、坡度尺、测距仪的性能和使用方法

3.13.1 水平尺

水平尺（图 3-39）是利用水准泡液面水平的原理，检测被测表面相对水平位置、铅垂位置和倾斜位置偏离程度的一种计量器具。水平尺一般由尺体（工作面）、水平位置水准器（铅垂位置水准器、45°位置水准器）组成。根据水平尺截面的不同，可以分为矩形水平尺、工字形水平尺、桥形水平尺等。水平尺按精度分类，可以分为 0 级、1 级、2 级、3 级四种，其中 0 级的精度最高。

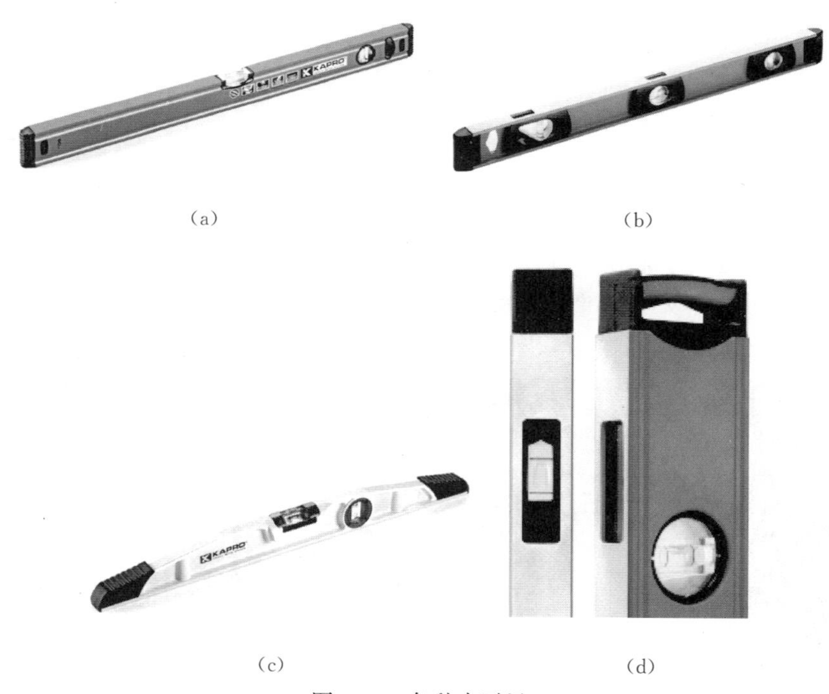

图 3-39 各种水平尺

（a）矩形水平尺；（b）工字形水平尺；

（c）压铸桥形水平尺；（d）具有双向视窗功能的水平尺

3.13.2　坡度尺

坡度是地面陡缓的程度，即坡面的垂直高度 h 和水平距离 l 的比值。在建筑装饰装修施工中，坡度（i）应采用百分比（%）的方法来表示，见图 3-40。

$$i=\frac{h}{l}\times100\%$$

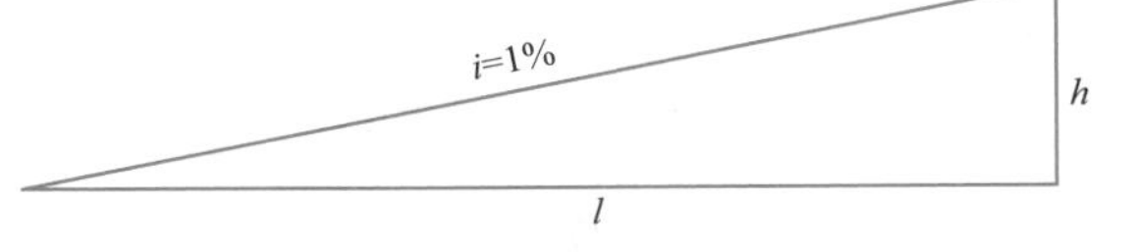

图 3-40　坡度示意

式中　i——坡度；

h——坡面的垂直高度；

l——坡面的水平距离。

例如，排水坡度 1%表示长度为 1000mm 的坡面，坡高为 10mm。

几种常见坡度尺见图 3-41。

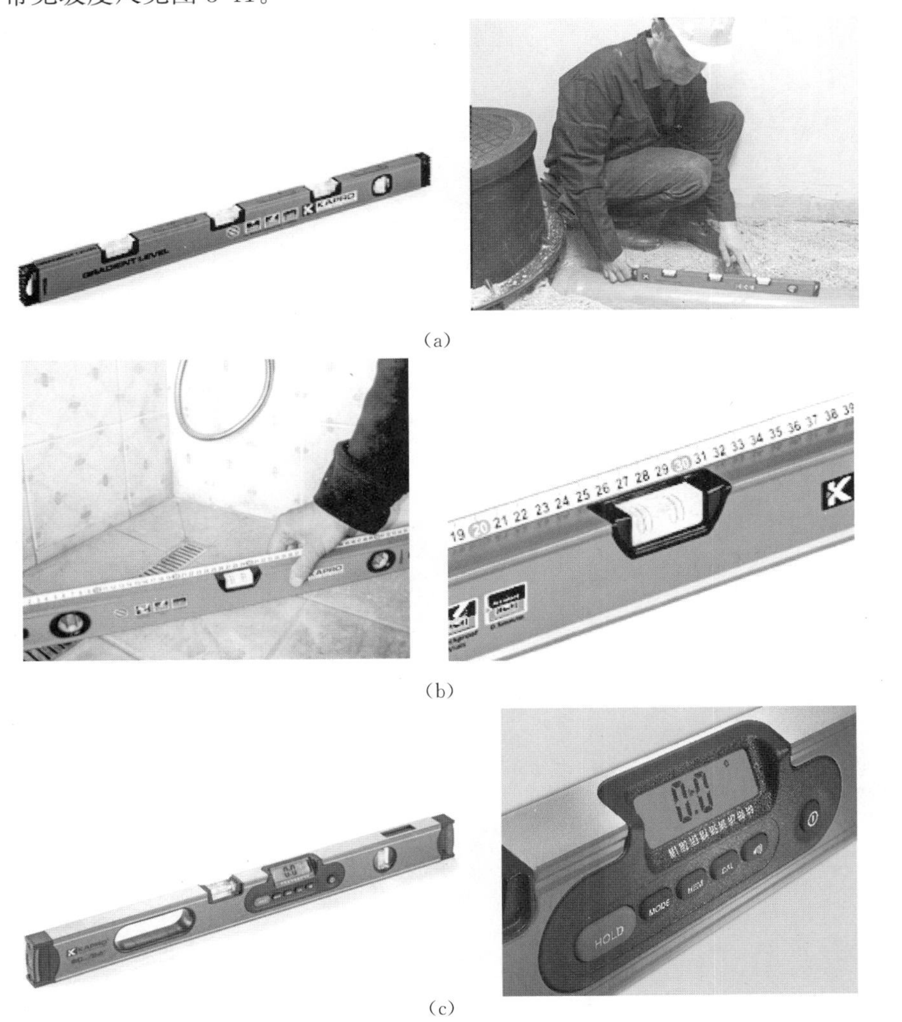

(a)

(b)

(c)

图 3-41　常见坡度尺

(a) 一种简单方便操作、检测的坡度水平尺（1%、2%）；(b) 一种组合刻度、坡度水平尺（2%）；(c) 一种更为先进的快速提高效率的数显坡度、角度水平尺

3.13.3 测距仪

目前正热门的测距仪也是测量长度用的量具，其操作相当方便，综合测距、算面积、算体积、勾股测长度、加减等功能，更能提高效率（图 3-42）。

图 3-42 测距仪

第4章 新技术、新工艺

第1节 装配式装饰装修施工技术

4.1.1 装配式建筑的概念

预制部品部件在工地装配而成的建筑，称为装配式建筑。按预制构件的形式和施工方法，装配式建筑分为砌块建筑、板材建筑、盒式建筑、骨架板材建筑及升板升层建筑五种类型。

装配式建筑在20世纪初就开始引起人们的兴趣，到60年代终于实现。英、法、苏联等国首先做了尝试。由于装配式建筑的建造速度快，而且生产成本较低，迅速在世界各地推广开来。

早期的装配式建筑外形比较呆板，千篇一律。后来人们在设计上做了改进，增加了灵活性和多样性，使装配式建筑不仅能够成批建造，而且样式丰富。如美国有一种活动住宅，是比较先进的装配式建筑，每个住宅单元就像是一辆大型的拖车，只要用特殊的汽车把它拉到现场，再由起重机吊装到地板垫块上和预埋好的水道、电源、电话系统相接，就能使用。活动住宅内部有暖气、浴室、厨房、餐厅、卧室等设施。活动住宅既能单独成一个单元，也能互相连接起来。

4.1.2 装配式建筑的主要特点

(1) 大量的建筑部品由车间生产加工完成，构件种类主要有：外墙板、内墙板、叠合板、阳台、空调板、楼梯、预制梁、预制柱等。

(2) 现场大量的装配作业，使原始现浇作业大大减少。

(3) 采用建筑、装修一体化设计、施工，理想状态是装修可随主体施工同步进行。

(4) 设计的标准化和管理的信息化，构件越标准，生产效率越高，相应的构件成本就会下降，配合工厂的数字化管理，整个装配式建筑的性价比会越来越高。

(5) 符合绿色建筑的要求。

4.1.3 装配式装饰装修施工技术

(1) 装配式装饰装修是将工厂生产的部品部件在现场进行组合安装的装修方式，主要包括干式工法楼（地）面、集成厨房、集成卫生间、管线与结构分离等。

(2) 全装修是功能空间的固定面装修和设备设施安装全部完成，达到建筑使用功能和建筑性能的基本要求。

(3) 装配式装饰装修的三大关键词

1) 工厂化生产的部品部件。

2) 干法施工。

3) 产业工人。

(4) 装配式装饰装修的四大特征

1) 标准化设计：建筑设计与装修设计一体化模数，BIM模型协同设计；验证建筑、设备、管线与装修零冲突。

2）工业化生产：产品统一部品化、部品统一型号规格、部品统一设计标准。

3）装配化施工：由产业工人现场装配，通过工厂化管理规范装配动作和程序。

4）信息化协同：部品标准化、模块化、模数化，测量数据与工厂智造协同，现场进度与工程配送协同。

（5）装配式装饰装修结构安装是当前我国建筑装饰装修结构中较为先进的技术之一，得到了广泛的应用。在建筑装饰装修中涉及装配式施工的主要有住宅全装修以及家具制品装配式施工、地面工程装配式施工、吊顶工程装配式施工、墙面工程装配式施工、厨卫系统装配式施工、细部工程装饰式施工等。

4.1.4　装配式建筑的国家、省、市级政府的政策支持

国务院总理李克强2016年9月14日主持召开国务院常务会议，部署加快推进“互联网＋政务服务”，以深化政府自身改革更大程度利企便民；决定大力发展装配式建筑，推动产业结构调整升级。

按照推进供给侧结构性改革和新型城镇化发展的要求，大力发展钢结构、混凝土等装配式建筑，具有发展节能环保新产业、提高建筑安全水平、推动化解过剩产能等一举多得之效。会议决定，以京津冀、长三角、珠三角城市群和常住人口超过300万的其他城市为重点，加快提高装配式建筑占新建建筑面积的比例。为此，一要适应市场需求，完善装配式建筑标准规范，推进集成化设计、工业化生产、装配化施工、一体化装修，支持部品部件生产企业完善品种和规格，引导企业研发适用技术、设备和机具，提高装配式建材应用比例，促进建造方式现代化。二要健全与装配式建筑相适应的发包承包、施工许可、工程造价、竣工验收等制度，实现工程设计、部品部件生产、施工及采购统一管理和深度融合。强化全过程监管，确保工程质量安全。三要加大人才培养力度，将发展装配式建筑列入城市规划建设考核指标，鼓励各地结合实际出台规划审批、基础设施配套、财政税收等支持政策，在供地方案中明确发展装配式建筑的比例要求。用适用、经济、安全、绿色、美观的装配式建筑服务发展方式转变、群众生活品质提升。

《中共中央　国务院关于进一步加强城市规划建设管理工作的若干意见》提出，力争用10年左右时间，使装配式建筑占新建建筑的比例达到30%。根据《建筑产业现代化发展纲要》的要求，到2020年，装配式建筑占新建建筑的比例20%以上，到2025年，装配式建筑占新建建筑的比例50%以上。

第2节　装配式阻燃木饰面板、环氧树脂饰面板干挂施工工艺及质量标准

4.2.1　装配式阻燃木饰面板

装配式阻燃木饰面板是一种基层采用阻燃合成木，板面采用特殊处理过的木皮，在一定的温度及高压下成形的板材。

1. 干挂装配式阻燃木饰面板的特点

（1）良好的耐久性能。大幅或快速的温度变化不会影响板材的性能，其表面光洁，易于清扫。

（2）良好的耐火性能。燃烧时能较长时间保持稳定性，耐火等级符合国家标准《建筑

材料及制品燃烧性能分级》GB 8624—2012 中的 A 级标准。

(3) 干挂装配式阻燃木饰面板维护简单。其面层不需要切割，涂漆在工厂完成，用于硬木加工的标准机具可以完成钻孔等工序。

(4) 自重轻。密度为 500～800kg/m^3。

(5) 良好的环保性能。经权威部门检测，板的甲醛释放量小于 1.5mg/L，达到了 E1 级板的标准。

2. 工厂生产的控制点

木饰面板由防火阻燃木做基层，双面贴木皮（根据需要也可以用其他面层材料）制成。因此，在板面积较大时，保证板面平整、不翘曲，使用时不霉变是本产品乃至工程成功的关键点之一。另外，在高级公共场所使用时，由于长期使用空调，环境的温度和湿度对板的影响也较大。为了保证防火饰面板的质量和使用过程中不变质、不变形，达到理想的装饰效果，用于本工程的防火饰面板在生产过程中，需要从下述几个方面进行重点处理：

(1) 防火阻燃木出热压机时含水率一般都偏低，表层仅 2%～3%，芯层仅 6%～7%，低含水率的防火阻燃木在相对湿度较大的环境中加工或存放，必然会吸湿，如板内存在含水率不均等问题，板件便容易产生翘曲变形。有的防火阻燃木在使用过程中还有一定温度，尚未完全冷却，这些板在加工过程中极易吸湿变形，但放久了又会渐趋平整。为防止变形，防火阻燃木在使用前应进行调质处理，使其含水率均匀化，并提高到 8%左右。防火阻燃木在工厂的专用车间进行调质处理，其含水率可提高到 8%～10%之间。

(2) 根据深化设计图纸的要求，选用符合要求的防火饰面板（木饰面），按常规生产过程只进行可看面的贴皮和油漆，背面一般只进行简单的封底处理，或贴薄叶纸，涂饰的道数也相应减少，但是采用此种方法处理，经过一段时间后，背面能观察到明显的纤维吸湿膨胀的痕迹，局部还会出现严重的变形。因此，在板面贴木饰面层和涂饰加工过程中，要注意正反两面材料受力的对称性，使其结构对称、平衡。工程所使用的木饰面板的正反两面均贴材质相同的木质皮，并涂饰相同品牌的油漆。

(3) 对防火阻燃木芯板的密度控制。防火阻燃木的密度偏低易造成加工面不光滑，且易吸湿变形，同时要求密度在厚度方向的分布应均匀，表芯层密度差异过大的防火阻燃木不适宜做木饰面板的芯板，平均密度在 800kg/m^3 左右比较合适。

(4) 贮存条件要好。防火阻燃木芯板或木饰面板成品，应平整堆放，不能竖放，而且应存放在干燥通风的环境中，如存放在潮湿的环境中则易吸湿变形，甚至发霉。

(5) 使用环境对木饰面板的影响。由于使用木饰面板的公共场所、酒店客房的温度和湿度对板的变形和防潮性能影响较大，且板的含水率和周围环境的湿度有一定的差异，如果仅为了防止板的翘曲变形对板的六个面均贴木皮进行封闭处理，则在周围环境的作用下，板内的水气不易挥发出来，容易造成板的边缘部位发生霉变。因此，在木饰面板的背面一定的部位设置排气孔，使板内层和大气相通，达到平衡的作用。另外，大面积木饰面板安装完后，在一定的部位（顶、底和变形缝处）预留通气孔道，使板背面的水气能顺利地排出。

3. 工艺流程

装配式阻燃木饰面板采用金属挂件在背面做不可见的固定，木饰面板固定在钢龙骨系统上。在安装的过程中，根据木饰面板的构造和排版图，采用科学严密的施工组织，确保木饰面板加工合理、固定可靠、装饰效果完美。

工艺流程如下：墙面处理→现场实测、放线→与排版图对应→核对尺寸及检查误差→调节板材的尺寸→寻找开线点弹线→根据排版图已经调整的尺寸放全部纵向线→弹至少三根横向水平通线→弹每块板的具体位置线→弹出每个钢架或型材龙骨固定码位置点→打眼安装固定主龙骨（如5号槽钢）→固定通长次龙骨（如40mm×20mm方钢管）→安装板材上可调及普通挂件→安装板材→撕去保护膜。

木饰面板在公司工厂定型加工，现场安装，只有钢结构部分和部分板材需要现场进行修整处理，故现场安装非常方便。操作台要求平整，现场制作即可。

4. 施工准备

（1）材料准备

1）按设计要求的木饰面板（主要木饰面板的尺寸为600mm×1200mm）已经到位。

2）按进场计划备足龙骨（竖向主龙骨一般采用5号槽钢，横向次龙骨采用40mm×20mm方钢管）、挂件（分可调挂件、普通挂件两种，由工厂开发定制）、切口螺栓、自攻螺栓。龙骨的规格大小和间距根据木饰面板的分格大小和重量，通过计算确定。

（2）作业条件

1）主体结构已通过相关单位检验合格并已验收。

2）专项施工方案已编制完成，并经审核后已完成交底工作。

3）木饰面板工程所需的施工图及其他设计文件已具备。

4）施工安全及技术交底工作已按要求完成。

5）材料的合格证书、性能检测报告、进场验收记录和复检报告已符合要求。

6）墙上的电器、消防设施已经完成，并已经做好隐蔽工程预检查验收。

7）各相关专业工种之间已完成交接检验，并形成记录。

8）可能对木饰面板施工环境造成严重污染的分项工程应安排在木饰面板施工前进行。

9）有土建移交的控制线和基准线。

10）脚手架等操作平台已搭设就位。

11）木饰面板尺寸及数量与排版图所示规定一致，运输到工地后与下料单标注尺寸数量一致，每块板的背后标注具体的应用部位及编号。下料单标注的板材的尺寸为成品可视板面（不含缝隙）的实际尺寸，但在工厂加工时在木饰面板的边缘另加横向4mm、纵向8mm的接缝卡槽尺寸。

5. 施工要点及质量标准

（1）墙面处理

对结构面层进行清理，同时进行吊直、找规矩、弹出垂直线及水平线。并根据内墙木饰面板装饰深化设计图纸和实际需要弹出安装材料的位置及分块线。墙面木饰面板的分格宽度水平方向为600mm，垂直方向为1200mm，局部按深化设计要求做调整。也可以按照设计要求用其他规格的板材。

（2）现场实测、放线

1）按装饰设计图纸要求，现场复查由土建方移交的基准线。

2）放标准线：木饰面板安装前要事先用经纬仪打出大角两个面的竖向控制线，最好弹在离大角200mm的位置上，以便随时检查垂直挂线的准确性，保证顺利安装。在每一层将室内标高线移至施工面，并进行检查；放线前，应首先对建筑物尺寸进行偏差测量，根据测量结果，确定基准线。

3）以标准线为基准，按照深化图纸将分格线放在墙上，并做好标记。

4）分格线放完后，应检查膨胀螺栓的位置是否与设计相符，否则应进行调整。

5）竖向挂线宜用ϕ1.0～1.2的钢丝，下边沉铁随高度而定，一般20m以下高度沉铁重量为5～8kg，上端挂在专用的挂线角钢架上，角钢架用膨胀螺栓固定在建筑物大角的顶端，一定要挂在牢固、准确、不易碰动的地方，并要注意保护和经常检查，在控制线的上下做出标记。如果通线长超过5mm，则用水平仪抄水平，并在墙面上弹出木饰面板待安装的龙骨固定点的具体位置。

6）注意事项：宜将本层所需的膨胀螺栓全部安装就位。膨胀螺栓位置误差应按设计要求进行复查，当设计无明确要求时，标高偏差不应大于10mm，位置偏差不应大于20mm。

（3）固定纵向通长主龙骨（5号槽钢）和横向次龙骨（40mm×20mm方钢管）

1）根据控制线确定骨架位置，严格控制骨架位置偏差；木饰面板主要靠骨架固定，因此必须保证骨架安装的牢固性。用膨胀螺栓固定连接钢板，将主龙骨焊接在连接钢板上，焊接次龙骨，与主龙骨连成一体。注意在挂件安装前必须全面检查骨架位置是否准确、焊接是否牢固，并检查焊缝质量。安装时务必用水平尺使龙骨上下左右水平或垂直。

2）龙骨的防锈

①槽钢主龙骨、预埋件及各类镀锌角钢焊接破坏镀锌层后，均满涂两遍防锈漆（含补刷部分），进行防锈处理，并控制第一道和第二道涂刷的间隔时间不小于12h。

②型钢进场必须有防潮措施，并在除去灰尘及污物后进行防锈操作。

③不得漏刷防锈漆，特别控制为焊接而预留的缓刷部位在焊后涂刷不得少于两遍。最好采用镀锌龙骨。

（4）安装挂件

在每块木饰面板上，最上面一排固定连接件的固定点距木饰面板上端为40mm，最下面一排固定连接件的固定点距木饰面板下端为80mm。中间的板材部分以370mm为等距均分安装横向固定连接件。现场纵横向固定连接件与板块分格相对应，通过不锈钢挂件固定板材。板块上挂点一侧设限位螺钉，另一侧为自由端，既保证板块准确定位，又保证板块在温差及主体结构位移作用下自由伸缩，该结构板固定靠型材的挂接来实现，板块直接挂于横龙骨的特殊槽口上，靠龙骨本身定位。型材接合部位大多用铝合金装饰条连接，局部用硅胶，横竖连接采用浮动式伸缩结构。

（5）阻燃木饰面板安装

1）安装要求

①不锈钢金属挂件的安装位置必须经过严格的计算，确保板材安装的准确可靠。

②固定完连接金属挂件后，在安装前撕下双面保护膜。

③安装板材顺序为先安装底层板，然后安装顶层板。

2）木饰面板不锈钢金属挂件安装

根据设计尺寸及图纸的要求，将板材放在平整木质的平台上面，按定位线和定位孔进行加工，在板材上打孔的直径尺寸要比固定螺钉的直径小1mm，孔深要比螺钉深1mm。不要钻透板材。安装不可调挂件及可调挂件：在靠近板材最上沿的一排应安装可调挂件，板材其他部位与之平等的挂件均为不可调挂件。挂件的安装应根据设计尺寸，将专用模具固定在台钻上，进行打孔。挂件的纵向间距取决于横撑龙骨的间距，挂件的间距根据板材大小来计算，间距一般要求为400mm一块，金属挂件的外沿距板材的边缘为40mm，安装过程中，在每块木饰面板的横向两侧距边缘40mm的位置安装挂件，中间的部分以370mm的间距等分。

3）底部木饰面板安装

将金属挂件安装在平面及阴阳角板的内侧，将板材举起，挂在横撑龙骨上面，调节木饰面板后上方的调节螺钉。先安装底层板，等底层面板全部就位后，用激光标线仪检查一下各板水平是否在一条线上，如有高低不平的要进行调整，调节板后的金属挂件，直到面板上口在一条水平线上为止；先调整好面板的水平与垂直度，再检查板缝，板缝宽横向为8mm，竖向为4mm。板缝均匀，然后安装锁紧螺钉，防止板材横向滑动。木饰面板最下端距地面的距离为8mm，竖龙骨预留到地，下端预留的部分用硅胶嵌缝。

4）顶部木饰面板安装

顶部一层面板与下部板材安装要求一致，板材上端与吊顶间留8mm缝隙，用硅胶嵌缝。木饰面板安装最好在吊顶施工后进行。

5）安装质量要求

①金属龙骨、木饰面板必须有产品合格证，其品种、型号、规格应符合设计要求。

②金属龙骨使用的紧固材料，应满足设计要求及构造功能。骨架与基体结构的连接应牢固，无松动现象。

③木饰面板纵横向铺设应符合设计要求。

④连接件与基层、板材连接要牢固固定。

⑤安装调整板缝要首先松动上卡的可调螺栓，从下往上松动板材后，才可以进行板材的位置调整，不能生硬地撬动。

⑥转角板的最短边不得小于300mm，否则在角上需要一个固定点。

⑦安装允许偏差见表4-1。

允许偏差表　　表4-1

序号	项类	项目	允许偏差(mm)	检查方法
1	龙骨	龙骨间距	2	尺量检查
2		龙骨平直	2	尺量检查
3		龙骨四周水平	±5	尺量、水准仪检查
4	面板	表面平整	2	用2m靠尺检查
5		接缝平整	2	拉5m线检查
6		接缝高低	2	用直尺塞尺检查
7	装饰条	装饰条平直	2	拉5m线检查
8		装饰条间距	2	尺量检查

6. 安全措施

（1）作业人员必须随时携带和使用安全帽和安全带，防止机具、材料的坠落。

（2）凡需带入楼内的机械，事先必须接受安全检查，合格后方可使用。另外，携带电动工具时，必须在作业前先做自我检查，做好记录。

（3）木工使用锯、电动工具严禁戴手套。每天作业前后检查所用工具。

（4）带刃工具不得放在工作台面上，更换完毕放回工具箱，关闭电源。

（5）不得随意拆除脚手架连墙件等临时作业设施，不得已必须拆除脚手架连墙件或搭板时，需得到安全人员的允许，作业结束后，务必复原。板材安装操作、脚手架安装要稳定可靠。

（6）作业前，清理作业场地，下班后整理场地，不要将材料工具乱放，在作业中断或结束时，当天清扫垃圾并投放到指定地点。

（7）在电焊作业时，必须设置接火斗，配置看火人员。各种防火工具必须齐全并随时可用，定期检查维修和更换。

（8）工人操作地点和周围必须清洁整齐，要做到边干活边清理。

（9）现场各种材料机械设备要按建设单位规定的位置堆放，堆放场地坚实平整，并有排水措施，材料要按品种、规格分类堆放，要求堆放整齐，易于保管和使用。

7. 木饰面板干挂的优点

木饰面板形成了一套标准的制作安装工艺，使其施工实现模块化、工厂化，从而有效地压缩了工期，更充分利用了建筑空间，有效地提高了空间利用率。

（1）提高了施工质量

木饰面板减少了现场手工操作，提高了机械化生产的程度，在一定程度上降低了工艺熟练程度对工程质量的决定性影响。由于在安装过程中进入施工现场的木饰面板都是加工好的半成品，各构配件在工厂内已完成了所有加工和制作环节（如板的贴木皮、各种开孔、油漆涂装等），因此各工序的精细度和整体效果大幅度提高，在一定程度上保证了工程质量的稳定性。

（2）加快了施工进度

在工厂制作时，只要提供现场详细的尺寸和深化图纸，就可以大批量地生产，不受现场条件和工序的制约。只要现场条件具备，就可以大批量地安装和整合，从而大大加快了施工进程。

（3）改善了使用环境和现场施工环境

现场加工的打孔、锯料、裁板、刨切、打磨、喷漆等带来大量的灰尘及噪声污染，且油漆现场涂装，使油漆、稀料、腻子里的苯、二甲苯、总有机挥发物等有害气体长时间滞留在室内，而木饰面板的安装实现了无钉、无噪声安装，既避免了施工现场电锤、气泵、射钉枪、电锯等产生的施工噪声，又避免了现场油漆对周围环境的污染，满足了用户对材料环保的要求。多种颜色的木饰面板达到了 E1 级板的环保要求标准，防火性能也达到了设计要求，不会对环境产生任何影响，并可以循环利用。

（4）显著地提高了经济效益

板材规格的严格测量及合理设计使得浪费更少，适当的板材厚度使得所需的框架更少。便捷的安装形式设计，使得现场施工更容易，可以大量节约人工。由于采用工厂化施工，油漆等材料损耗控制在最小的范围内，显著地提高了经济效益。

4.2.2 装配式阻燃（环氧树脂饰面）特殊饰面板

1. 概述

环氧树脂板又叫绝缘板、环氧板、3240 环氧板。环氧树脂是泛指分子中含有两个或两个以上环氧基团的有机高分子化合物，除个别外，它们的相对分子质量都不高。环氧树脂的分子结构是以分子链中含有活泼的环氧基团为其特征，环氧基团可以位于分子链的末端、中间或成环状结构。由于分子结构中含有活泼的环氧基团，使它们可与多种类型的固化剂发生交联反应而形成不溶、不熔的具有三向网状结构的高聚物。各种树脂、固化剂、改性剂体系几乎可以适应各种应用的要求，其范围可以从极低的黏度到高熔点固体。且其固化方便。选用各种不同的固化剂，环氧树脂体系几乎可以在 0～180℃温度范围内固化。

2. 环氧树脂板主要特点

（1）粘附力强。环氧树脂分子链中固有的极性羟基和醚键的存在，使其对各种物质具有很高的粘附力。环氧树脂固化时的收缩性低，产生的内应力小，这也有助于提高粘附强度。

（2）收缩性小。环氧树脂和所用的固化剂的反应是通过直接加成反应或树脂分子中环氧基的开环聚合反应来进行的，没有水或其他挥发性副产物放出。它们和不饱和聚酯树脂、酚醛树脂相比，在固化过程中显示出很低的收缩性（小于 2%）。

（3）力学性能好。固化后的环氧树脂体系具有优良的力学性能。

（4）优良的绝缘性能。固化后的环氧树脂体系是一种具有高介电性能、耐表面漏电、耐电弧的优良绝缘材料。

（5）化学稳定性好。通常，固化后的环氧树脂体系具有优良的耐碱性、耐酸性和耐溶剂性。像固化环氧体系的其他性能一样，化学稳定性也取决于所选用的树脂和固化剂。适当地选用环氧树脂和固化剂，可以使其具有特殊的化学稳定性能。

（6）尺寸稳定性好。上述的多种性能的综合，使环氧树脂体系具有突出的尺寸稳定性和耐久性。

（7）耐霉菌。固化的环氧树脂体系耐大多数霉菌，可以在苛刻的热带条件下使用。

树脂板改良品种不断推陈出新，品质性能多样，表面纹理可特殊定制，观感效果好，所以近年来，随着装饰装修行业的快速发展，许多高端室内装修采用树脂板做墙面饰面板。其装饰效果可完全与木饰面的装饰效果相媲美。

3. 相关技术质量要求

（1）环氧树脂板饰面板的材质、颜色、图案、燃烧性能等级（B_1 级）和板材的含水率应符合设计要求及国家现行标准的有关规定。

（2）环氧树脂板饰面板的安装位置及构造做法应符合设计要求。

（3）环氧树脂板饰面板应安装牢固，无翘曲，拼缝应平直。

（4）环氧树脂板饰面板特殊艺术饰面不应有接缝，四周应绷压严密。

（5）环氧树脂板饰面板图案应清晰、无色差，整体应协调美观。

（6）环氧树脂板饰面板饰面纹理连贯顺畅，过渡自然。面皮的拼贴应严密、平整，无胶迹、无透胶、无皱纹、无压痕、无裂痕、无鼓泡、无脱胶。

4. 工艺流程

精装修加工深化出图→现场整体放线、定位→基层处理底板施工→预弹线、复核尺寸→下单图制作、审核→工厂制作阻燃板平面基层及造型基层→工厂生产树脂板面层板→专用模具压制胶粘半成品构部件→包装、标签、出厂→按批次进行现场安装→修补、收缝→成品保护。

5. 注意事项

（1）要求环氧树脂板的防火阻燃性能必须到达 B_1 级要求。

（2）使用的原材料和胶粘剂等必须环保。

（3）需要树脂板增加抗氧化、抗晒、耐变色性能。

（4）依据放线尺寸完成装修施工深化图，要求制作完成装修平面图、立面图、天花图，明确标示标高、机电末端定位图（定位应保证整体美观，软包面避免设置机电末端）及不同装修材料间的收口工艺，明确饰面板开孔开洞位置。

（5）核实异形环氧树脂板饰面周边饰面（如不锈钢、木饰面、石材等）、活动家具、固定家具等的安装工艺及尺寸。

（6）依据装修深化图纸，确定平板及异形环氧树脂板饰面基层要求（尺寸、定位、前道工序）及施工工艺，经现场实测后制作加工图，加工图经甲方设计审核，相关工艺对接厂商专业人员确认后方可下单生产。

（7）因树脂板饰面图案纹理为人工浇筑制作，有不可复制性，故工厂生产环氧树脂面板时需要根据造型复杂度留有足够的损耗量。

（8）环氧树脂板阻燃基层板背面需要做防潮处理。超高超大板面需要有防变形措施。

6. 质量验收标准

参照《建筑装饰装修工程质量验收标准》GB 50210—2018 饰面板工程一章中饰面板验收规范要求和设计要求。

第 3 节　抗裂添加剂半干砂浆找平施工工艺及质量标准

4.3.1　抗裂添加剂半干砂浆

抗裂添加剂半干砂浆是从德国引进的适用于水泥基找平施工的高科技产品，其系列产品可用于满足不同场所的需求，并对地坪出现的问题，提供高效而廉价的解决方案。其具有如下特点：

（1）针对水泥混凝土基层不平整，可以实现 15～70mm 的找平范围。

（2）有效提高找平层（垫层）强度。

（3）有效防止找平层（垫层）的开裂、收缩。

（4）有效防水、防潮，可以实现控制含水率在 6.0%以内（最低可至 3.0%）。

（5）实现施工时间的可控，2～28d 不等。

抗裂添加剂半干砂浆在欧洲已被广泛应用于工商业建筑和民用建筑地坪施工，如机场候机楼、商业中心、博物馆、图书馆、宾馆酒店、医院、办公室、工厂厂房等各类地面。其良好的强度表现甚至可以达到 C60 的要求，同时快干型产品可实现施工时间可控，满足工程进度要求。添加剂产品见图 4-1。

图 4-1　不同类别的抗裂添加剂半干砂浆

4.3.2　抗裂半干砂浆材料配比

抗裂半干砂浆由普通水泥、0～8mm 连续级配骨料以及添加剂组成，配方简洁，性能全面，是现代高质量找平系统的首要选择。具体配比见图 4-2。

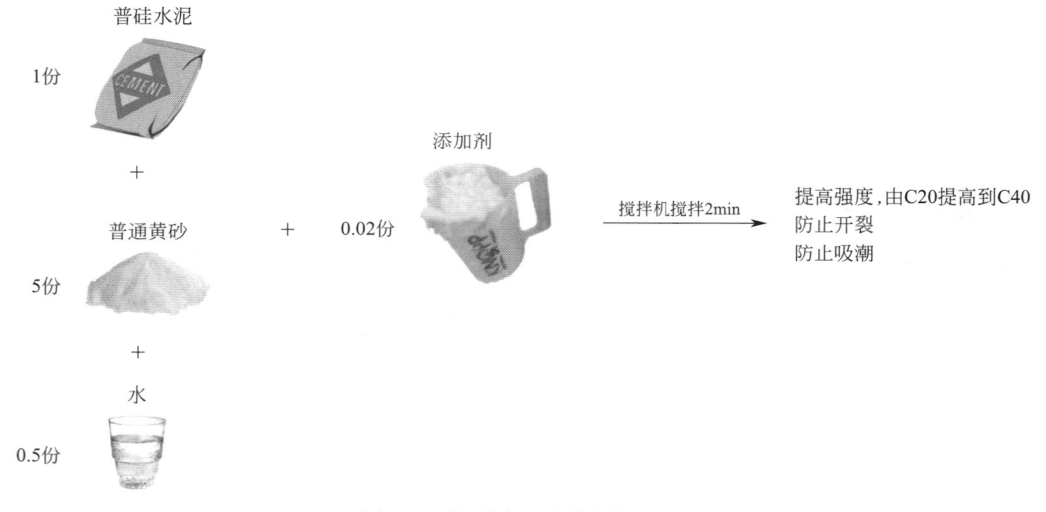

图 4-2　抗裂半干砂浆材料配比

4.3.3　工艺流程

清理基层→铺设 PE 膜→砂浆搅拌→砂浆摊铺→找平收光→后期养护。

4.3.4　施工要点

1. 清理基层：清扫基面灰尘、砂砾等杂物，使基面务必保持清洁状态。

2. 铺设 PE 膜：搭边处用透明胶带粘牢，墙角使用护边裙条。

3. 砂浆搅拌：按配比进行搅拌，“手握成团、落地成砂”。

4. 砂浆摊铺：用压辊压实后，使用靠尺挂平，保证标高满足要求（图 4-3）。

5. 找平、收光：不可洒水，且无须过分收光，保证平整度即可（图 4-4）。

6. 后期养护：避免过堂风以及阳光直射。

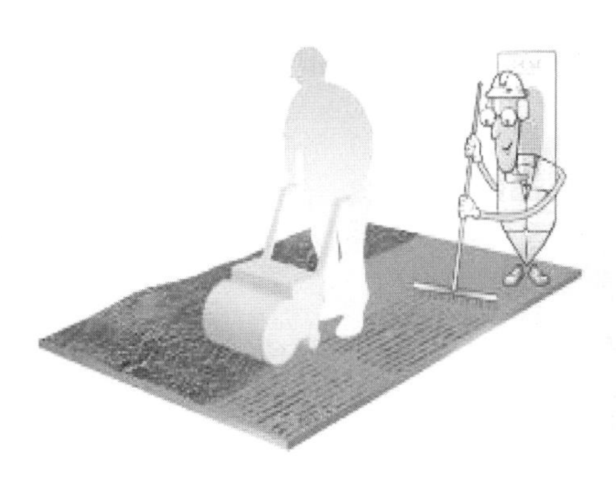

图 4-3　半干砂浆压实找平

图 4-4　小面积人工收光

4.3.5　工艺特点及质量标准

1. 施工周期短，养护后 1d 即可上人行走，7d 可接受轻微荷载。
2. 地面平整度高，可达到 2mm/3m 的标准，为面层提供好的基础。
3. 地面开裂风险低，低收缩、低水灰比，可降低 80%的开裂风险。
4. 找平层强度高，聚合物再水化技术可使基础达到 C35 及以上。

第 4 节　卫生间涂膜防水施工工艺、质量通病管控要点及验收标准

4.4.1　概述

JS 防水涂料是指聚合物水泥防水涂料，又称 JS 复合防水涂料。其中，J 就是指聚合物，S 指水泥（“JS” 为 “聚合物水泥” 的拼音字头）。JS 防水涂料是一种以聚丙烯酸酯乳液、乙烯-醋酸乙烯酯共聚乳液等聚合物乳液与各种添加剂组成的有机液料，和水泥、石英砂、轻重质碳酸钙等无机填料及各种添加剂所组成的无机粉料，通过合理配比、复合制成的一种双组分、水性建筑防水涂料。

JS 防水乳胶为绿色环保材料，它不污染环境、性能稳定、耐老化性优良、防水寿命长；使用安全、施工方便、操作简单，可在无明水的潮湿基面直接施工；粘结力强，材料与水泥基面粘结强度可达 0.5MPa 以上，对大多数材料具有较好的粘结性能；材料弹性好，延伸率可达 200%，因此抗裂性、抗冻性和低温柔性优良；施工性好，不起泡，成膜效果好、固化快；施工简单，刷涂、滚涂、喷涂、刮抹施工均可。

JS 防水乳胶基本色为白色，具有明显的热反射功能，较传统的黑色屋面可起到隔热效果，调制成彩色，对屋顶和外墙起到装饰美化作用。涂层整体无接缝，能适应基层微量变化。JS 防水乳胶具有有机分子极性基团，因而与很多极性材料有很好的粘结性，如与高聚物改性沥青卷材、聚乙烯丙纶卷材、三元乙丙卷材等具有良好的粘结性。尤其代替 107 聚乙烯醇胶与水泥调和后粘结聚乙烯丙纶卷材，对于提高防水层的抗渗、抗裂、柔韧等综合性能，突显出其优异的品质。

4.4.2　主要特点

1. 湿面施工；涂层坚韧高强。
2. 加入颜料可做成彩色装饰层。

3. 无毒、无味，可用于食用水池的防水。

4. 适用于有饰面材料外墙、斜屋面的防水，立面、斜面和顶面上施工，能与基面及饰面砖、屋面瓦、水泥砂浆等各种外层材料牢固粘结。

5. 耐高温（140℃），尤其适用于道路及桥梁防水。

6. 调整配合比，可制作瓷砖粘结材料和密封材料。

4.4.3 工法选择

1. 基面→打底层→下涂层→上涂层。

2. 基面→打底层→下涂层→中涂层→上涂层。

3. 基面→打底层→下涂层→无纺布层→中涂层→上涂层。

4.4.4 施工要点

1. 基面要求平整、牢固、干净、无明水、无渗漏

凹凸不平及裂缝处需先找平，阴阳角应做成圆弧角（图 4-5、图 4-6）。

图 4-5 墙角处理

图 4-6 浴缸底部处理

2. 准确配料

严格按配比要求进行配料，使用时只需将粉料边搅拌边慢慢加入对应液料中，并充分搅拌至均匀细腻不含团粒的混合物。

3. 涂覆要领

（1）用滚子或刷子涂覆，根据选定的工法的次序逐层完成（图 4-7、图 4-8）。

（2）若涂料（尤其是打底料）有沉淀应随时搅拌均匀。

（3）涂覆要尽量均匀，不能局部沉积。

（4）各层之间的时间间隔以前一层涂膜干固不粘手为准。

（5）下涂层、无纺布层和中涂层必须连续施工。

4. 保护层与装饰层施工

JS-I 型保护层或装饰层施工需在防水层完工 2d 后进行，粘贴块材（如地板、瓷砖、马赛克等）时，将 JS 防水涂料按液料：粉料＝1：2 调成腻子状，即可用作胶粘剂。JS-Ⅱ型可在面层施工同时贴保护层。

图 4-7 防水滚刷

图 4-8　防水涂刷

4.4.5　质量通病预防

涂刷防水施工应严格按照设计图纸、深化图纸及编制好的施工方案进行施工。实际操作过程中，因使用材料及制品不合格、施工过程操作或管理失控、外部环境条件的影响等原因造成一些常见的质量问题，称作质量通病（见表 4-2）。

常见通病表　　表 4-2

序号	质量通病现象	通病图片	预防措施
1	气孔		少加或不加稀释剂； 按产品说明书规定的稀释剂种类、比例配制防水涂料且应搅拌均匀
2	开裂		涂刷涂膜防水层前确保基层干燥； 少加或不加稀释剂； 按产品说明书规定的稀释剂种类、比例配制防水涂料且应搅拌均匀

4.4.6　质量标准与检验

防水层施工完毕后，应认真检验整个工程的各个部分，特别是薄弱环节，发现问题及时修复，涂层不应有裂纹、翘边、鼓泡、分层等现象。

室内防水工程的质量验收，应按照《建筑地面工程施工质量验收规范》GB 50209—2010 等有关标准规定进行检查验收。

1. 室内防水隔离层严禁渗漏，排水的坡向应正确、排水通畅。

2. 涂膜防水层应与基层粘结牢固，表面平整，涂刷均匀，不得有流淌、皱折、鼓泡、露胎体和翘边等缺陷。

3. 涂膜防水层的平均厚度应符合设计要求，最小厚度不应小于设计值的 80%。检验方法为针测法或割取 20mm×20mm 实样用游标卡尺或测厚仪测量其厚度。

防水层厚度：水平面不小于 1.5mm，垂直面不小于 1.2mm。防水层厚度越薄，越容易出现开裂。防水层厚度不达标，直接影响防水层耐久性。

防水层厚度一般可使用切片法检查（图 4-9）：每个测区内应不少于 5 个测点。用壁纸刀切 20mm×20mm 方块，用游标卡尺或测厚仪测量其厚度。

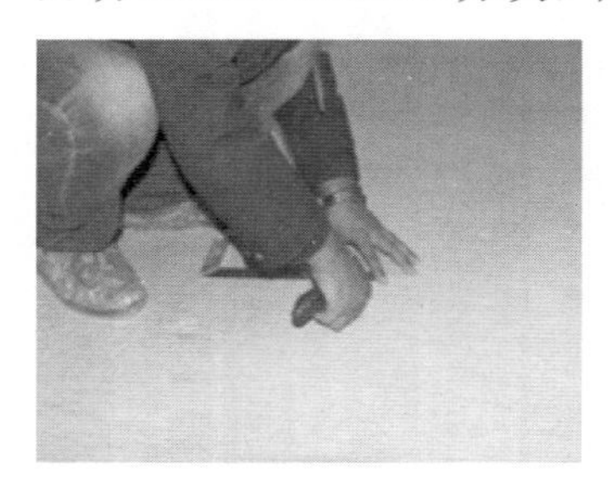

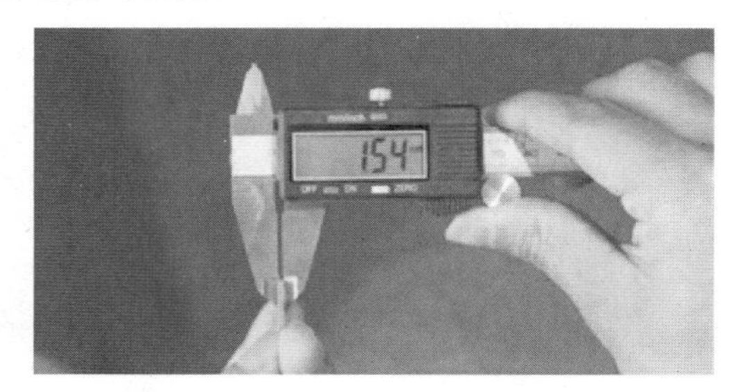

图 4-9 切片法检查防水层厚度

4. 检查有防水要求的建筑地面的面层应采用泼水方法。

5. 室内防水工程应按防水施工面积每 100m^2 抽查一处，每处不得小于 10m^2，且不得少于 3 处。节点构造应全部进行检查。厨房、卫生间等单间防水施工面积小于 30m^2 时，按单间总量的 20%抽查，且不得少于 3 间。

6. 防水材料应有产品合格证和出厂检验报告，材料的品种、规格、性能等应符合国家现行有关标准和设计要求。对进场的防水防护材料应抽样复检，并提出抽样试验报告，不合格的材料不得在工程中使用。

蓄水试验须等涂层完全干固后方可进行，一般情况下需 48h 以上，在特别潮湿又不通风的环境中需更长时间。卫生间防水做完后，蓄水 24h 不渗漏为合格。屋面防水做完后，应检查排水系统是否畅通、有无渗漏（可在雨后或持续淋水 2h 以后进行，有条件蓄水的屋面可用 24h 蓄水检查）(图 4-10)。

图 4-10 蓄水试验

另外，完成卫生间的地面面层施工后，还需要做二次蓄水试验。

第 5 节 环氧磨石艺术地坪施工工艺及质量验收标准

环氧磨石艺术地坪实景如图 4-11、图 4-12 所示。

图 4-11 环氧磨石完工实景图（1）

图 4-12 环氧磨石完工实景图（2）

环氧磨石艺术地坪构造如图 4-13 所示。

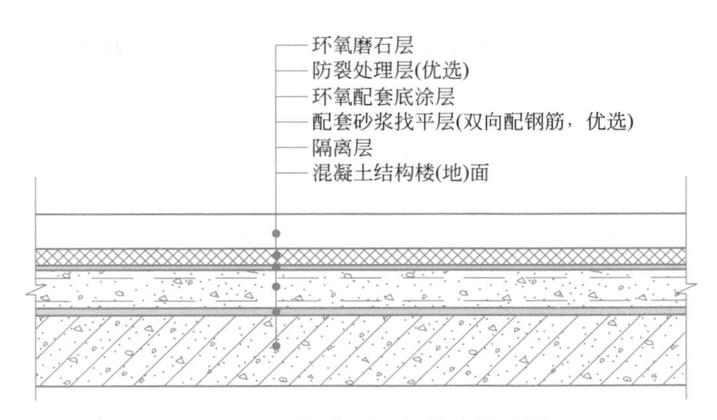

图 4-13　环氧磨石地坪基本构造图

4.5.1　施工环境

1. 施工环境温度不得低于 5℃，相对湿度不宜大于 80％。

2. 施工作业面应符合下列要求：

（1）施工作业面应封闭或采取其他隔离的有效措施；

（2）不得进行交叉作业。

3. 环氧磨石艺术地坪施工单位应遵守有关环境保护的法律、法规，并应采取有效措施控制施工现场的各种粉尘、废气、废弃物、噪声、强光等对施工现场及周围环境造成的污染和危害。

4.5.2　地坪基层验收和再处理

1. 地坪基层验收应符合下列规定：

（1）楼地面结构混凝土应按现行国家标准进行验收，验收合格后方可进行找平层施工；

（2）环氧磨石艺术地坪施工前，应按现行国家标准《建筑地面工程施工质量验收规范》GB 50209 进行找平层检查，验收合格后方可施工；

（3）地坪基层伸缩缝的接缝高低差不得大于 1mm；

（4）检查基层面能否满足地坪标高的设计要求；

（5）当基层混凝土强度需补强，应在处理后对其表面强度进行测试，满足要求后方可进行后续施工。

2. 地坪基层防止开裂再处理技术措施应符合下列规定：

（1）环氧磨石地坪施工前，应制定施工方案，并报请业主或相关单位审批；

（2）施工方案应包含防止地坪基层开裂的施工技术措施；

（3）施工方应按审批后的施工方案施工；

（4）业主或相关单位应按审批后的施工方案验收。

3. 增加地坪基层与上层连接强度的技术措施应符合下列规定：

（1）环氧磨石地坪施工前，应制定施工方案，并报请业主或相关单位审批；

（2）施工方案应包含增强地坪基层与上层连接强度的施工技术措施；

（3）施工方应按审批后的施工方案施工；

（4）业主或相关单位应按审批后的施工方案验收。

4.5.3 配套砂浆找平层施工

1. 控制配套砂浆找平层防止开裂技术措施应符合下列规定：

（1）环氧磨石地坪施工前，应制定施工方案，并报请业主或相关单位审批；

（2）施工方案应包含砂浆找平层防止开裂的施工技术措施；

（3）施工方应按审批后的施工方案施工；

（4）业主或相关单位应按审批后的施工方案验收。

2. 控制配套砂浆找平层平整度技术措施应符合下列规定：

（1）环氧磨石地坪施工前，应制定施工组织设计或施工方案，并报请业主审批；

（2）施工组织设计或施工方案应包含控制配套砂浆找平层平整度的施工技术措施；

（3）施工方应按审批后的施工组织设计或施工方案施工；

（4）监理方应按审批后的施工组织设计或施工方案验收。

3. 配套砂浆找平层材料调制和批刮应符合下列规定：

（1）找平层采用碎石或卵石的径级不应大于其厚度的2/3，含泥量不应大于2%；

（2）砂为中粗砂，其含泥量不应大于3%；

（3）拌合用水应符合《混凝土用水标准》JGJ 63的规定；

（4）找平层与基层间结合应牢固，不得有空鼓。

4.5.4 现场放线

1. 现场放线的仪器及工具应符合下列规定：

（1）一般项目，可采用水平仪、经纬仪、钢卷尺、墨斗等进行放线；

（2）图案复杂或精确度要求高的项目，应采用全站仪代替经纬仪，并用配备专业绘图软件的计算机进行放线；

（3）放线用仪器应校验合格。

2. 现场放线基本内容应符合下列规定：

（1）根据复测数据放出实际标高线及环氧磨石地坪的外框控制线；

（2）大面积地坪施工时，增设必要的中间控制标高点；

（3）确定特殊图案特征位置的控制线；

（4）确定复杂图案交界面控制线；

（5）确定伸缩缝控制线。

4.5.5 配套底涂施工

1. 环氧磨石配套底涂层基层施工条件应符合下列规定：

（1）底涂施工前，找平层应验收合格；

（2）找平层含水率应控制在8%以下；

（3）施工环境温度宜为15～30℃，相对湿度不宜大于80%；

（4）施工过程不得有灰尘。

2. 环氧磨石配套底涂层应按下列顺序进行施工：

（1）找平层裂缝处理；

（2）找平层平整度处理；

（3）找平层浮灰、油污处理；

（4）找平层伸缩缝处理；

（5）找平层配套底涂层涂刷。

3. 环氧磨石配套底涂层的施工质量控制应符合下列规定：

（1）底涂层施工前的基层条件控制和处理应符合要求；

（2）底涂材料的种类、品牌、型号、技术指标、配合比应符合设计或有关标准要求；

（3）严格按照底涂材料的施工工艺和注意事项；

（4）确保底涂均匀、无起鼓、无漏涂；

（5）及时做好底涂表面保护。

4.5.6 现场艺术图案精确定位

1. 艺术图案精确定位基本仪器与工具宜包含：

专业的计算机系统及应用软件、卷尺、墨斗、直角尺、油性彩笔、全站仪、三维激光扫描仪及其他最新定位工具。

2. 复杂艺术图案精确定位可采用下列方法：

（1）简单工具坐标描点放线法；

（2）经纬仪坐标测点放线法；

（3）全站仪坐标测点放线法。

3. 艺术图案定位精度检验可采用下列方法：

（1）简单工具坐标检测法；

（2）全站仪坐标检测法。

4.5.7 艺术图案施工

1. 艺术图案施工可采用下列方式：

（1）现场支模浇筑法；

（2）预制现场安装法。

2. 艺术图案分块浇捣，交界面固定可采用下列方式：

（1）金属或塑料分格条锚固的方式；

（2）金属或塑料分格条粘结的方式；

（3）金属或塑料分格条锚固与粘结相结合的方式。

4.5.8 艺术图案周边施工

1. 艺术图案与周边环氧磨石自然衔接可采用下列方式：

（1）分隔条过渡连接；

（2）直接连接。

2. 艺术图案周边环氧磨石施工顺序应至少包括：

找平层处理；变形缝处理；涂刷底涂；铺设玻纤网格布（可选）；涂刷底漆；涂刷环氧柔性膜（可选）；放样；固定分割条；拌浆铺料；压实压平；检查修补；粗磨；补浆；中磨；补浆；细磨；精磨；涂刷密封剂；清洗、养护。

4.5.9 整体打磨

1. 环氧磨石打磨基本工序应至少包括：

（1）粗磨；

（2）中磨；

（3）补浆（有需要时）；

（4）细磨；

（5）精磨；

（6）涂刷密封剂。

2. 环氧磨石整体打磨平整度控制应符合下列规定：

（1）打磨前，应对环氧磨石平整度进行预检，并按预检结果进行打磨，如有条件，可采用三维激光扫描仪等仪器进行精确预检；

（2）打磨过程中宜增加平整度检测，并按检测结果进行针对性打磨；

（3）墙地交界处等边角区域应采用手提式打磨机进行精磨。

4.5.10 环氧树脂表层施工

1. 环氧树脂表层施工应符合下列规定：

（1）施工环境温度宜为15～30℃，湿度不宜高于80%；

（2）施工现场应具有良好的通风条件；

（3）基层含水率不得大于8%；

（4）表面平整度应控制在2m靠尺3mm以内；

（5）基层表面应清洁、无油污；

（6）施工现场应封闭，不得进行交叉作业。

2. 环氧树脂密封剂施工质量应符合下列规定：

（1）应精确控制双组分及填充料的比例，严格按照产品技术要求进行配比；

（2）表层涂料应低速搅拌，防止混入空气，影响涂层质量；

（3）使用时间应按产品技术要求规定执行，搅拌完的材料应在规定时间内用完；

（4）涂布厚度应符合设计要求；

（5）固化时间应按产品技术要求规定执行，不得提前投入使用或踩踏。

4.5.11 养护和保护

1. 环氧磨石艺术地坪养护应符合下列规定：

（1）养护环境温度宜为15～30℃；

（2）养护天数不应少于7d；

（3）养护期间应采取防水、防晒、防污染等措施；

（4）环境湿度应控制在80%以下；

（5）养护期间不得踩踏、重载。

2. 环氧磨石艺术地坪移交前应采取柔性材料垫底，上面覆盖硬性保护板，或封闭现场等保护措施。

4.5.12 质量标准及验收

参见《环氧磨石地坪装饰装修技术规程》T/CBDA 1—2016。

第6节 地暖石材地面施工质量通病管控要求及验收标准

4.6.1 概述

近年来，随着我国能源结构的变化，人们对室内热环境的要求不断提高，采暖方式的节能、环保以及舒适成为现代采暖技术发展的一个基本方向。低温热水地板辐射采暖系统（简称地暖管地面）以其舒适性高、卫生条件好、不占用房间面积、高效节能、环保等优点越来越受到关注。

然而对多个工程实例的调查发现，由于在材料质量、材料配比、施工工艺、养护等方面控制不到位，地暖石材在施工和使用过程中极易产生开裂、起拱、空鼓等质量通病（图 4-14）。

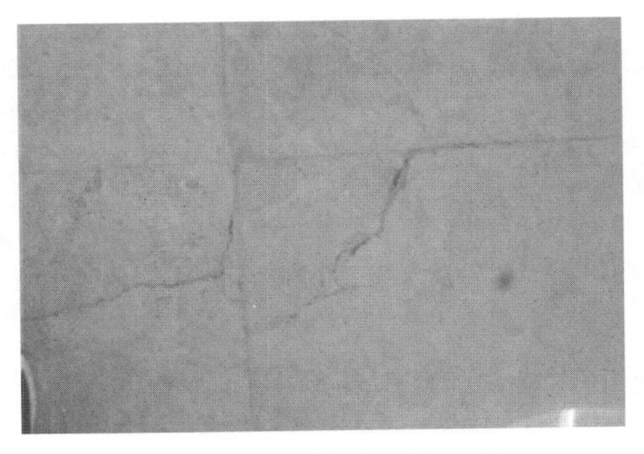

图 4-14　地暖石材开裂空鼓

4.6.2　质量通病原因分析

针对地暖石材开裂、起拱、空鼓等质量通病进行原因分析如下：

1. 石材耐热应力差、抗裂能力低

由于地暖使用过程中石材上下存在温度梯度，使石材内部存在温度应力，当应力大于石材强度时，石材出现开裂现象，因此地暖石材应选择暗裂纹少、抗折强度高、吸水率低、性能优异的石材品种。

2. 石材粘结层耐热应力不够

随着高低温的循环，胶粘剂的强度会降低，因此，石材胶粘剂应选择粘结强度高、耐高低温循环及具有一定柔性的品种。

3. 石材、找平层、填充层受热变形无法释放

在地暖升温过程中，石材、找平层及填充层会受热膨胀，如没有预留足够的收缩缝，石材会因互相挤压或基层开裂而开裂。

4. 填充层强度不够

填充层的强度不能抵消热应力及荷载，导致填充层开裂，进而使石材开裂。

5. 绝热层抗压强度不够

由于绝热层保温板上有填充层、找平层、石材、物件和人等荷载，如抗压强度不够，保温板将变形而导致基层开裂。

6. 地暖水管排布不符合要求

地暖水管排布间距不符合要求或不均匀，导致热量分布不均匀，进而使石材受热不均造成开裂。

7. 防水材料选择不合适

施工使用的防水材料不耐高低温循环而开裂，造成地面渗漏水。

4.6.3　质量通病管控措施

质量通病管控措施见表 4-3。

质量通病管控措施　表 4-3

序号	通病现象	管控措施
1	石材耐热应力差、抗裂能力低	1. 将常用石材进行系列性能测试，并整理成“石材性能数据库”； 2. 根据“石材性能数据库”筛选出地暖石材的推荐品种
2	石材粘结层耐热应力不够	通过实验，测试不同石材防护剂、胶粘剂及水泥砂浆在标准状态、长期浸水状态、多次冷热循环后粘结强度及柔性变化

续表

序号	通病现象	管控措施
3	石材、找平层、填充层受热变形无法释放	对石材、找平层、填充层的膨胀缝进行设计，同时还需要考虑装饰效果
4	填充层强度不够	对填充层豆石混凝土配比、强度，使用钢丝网片进行加强，确保填充层的强度
5	绝热层抗压强度不够	对不同绝热层保温板材料进行密度、压缩强度、吸水率、尺寸稳定性测试，以及保温度、吸水率、尺寸稳定性测试，确保保温板在各种条件下的抗压强度
6	地暖水管排布不符合要求	对地暖水管的排列、施工工艺进行规范化，确保热量能均匀地传递到上层
7	防水材料选择不合适	通过实验，测试不同防水材料耐高温及耐冷热循环性能，防止地暖防水层开裂而产生渗水

4.6.4 地暖石材施工构造节点

1. 施工构造节点（图 4-15）

2. 施工工艺

基层清理找平（光面做界面处理）→防水层施工（根据设计确定）→铺设绝热层→铺设反射膜→铺设钢丝网→膨胀缝施工→铺设地暖水管→水管一次试压→填充层施工→水管二次试压→找平层施工→粘结层→石材铺贴→完工养护。

4.6.5 质量验收标准

1. 石材质量符合《天然大理石建筑板材》GB/T 19766—2016 的要求。

2. 地面基层、饰面层施工质量符合《建筑地面工程施工质量验收规范》GB 50209—2010 的有关要求。

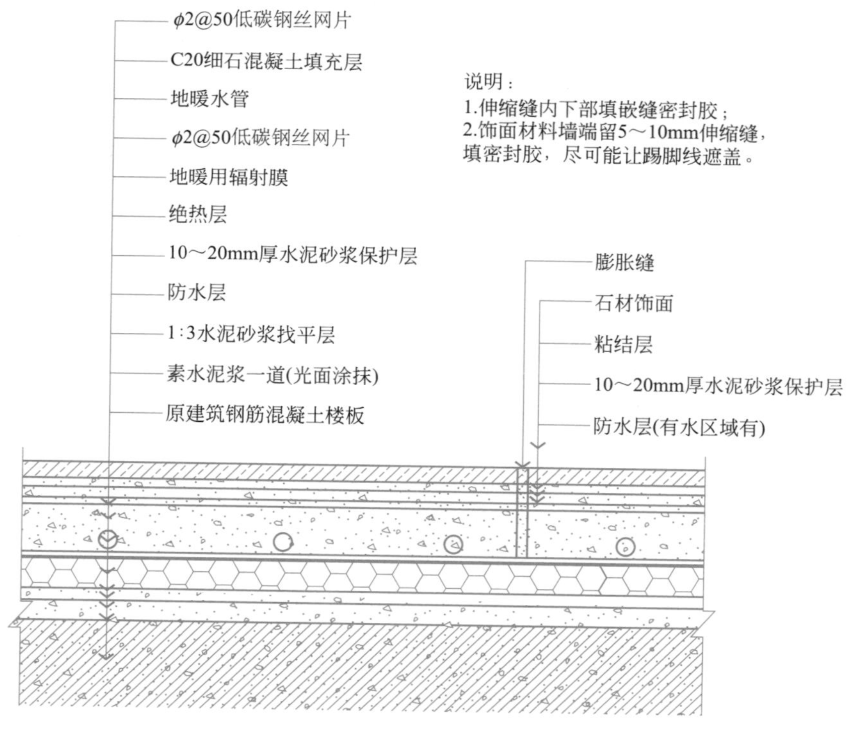

图 4-15 地暖石材铺贴施工构造节点

第 7 节　石材薄板铺贴、石材复合板墙面挂贴施工质量管控要点及验收标准

4.7.1　概述

石材加工企业，多年来都是属于较为传统、简单的机械加工类企业，机械设备的原理简单，设备的精密度不高，工艺流程不多，属于劳动密集型的行业。但随着经济的发展，石材行业的异军突起和竞争的加剧，无论是设备、配套还是市场需求和产品的创新，一部分企业开拓了一个新的市场领域，即石材薄板和复合板。

4.7.2　石材薄板

石材薄板分花岗岩薄板、大理石薄板。花岗岩薄板市场已开发了好几年，现已趋于成熟，而大理石薄板在全国市场才刚开始发展。全球大理石薄板市场虽好于国内，但仍未进入成长期。全国的大理石薄板生产分布在几个省份的少数地区，因受资源限制，只是加工本地区的少数几个品种，销售量也十分有限。相信在今后的装饰行业发展中，石材薄板将会得到大力推广。

4.7.3　石材复合板干挂

由于复合石材是两种石材的合成，因此，特别要注意合成石材的质量；施工时还特别要注意挂件的切口。

1. 材料要求

金属骨架采用的钢材的技术要求和性能应符合国家标准，其规格、型号应符合设计要求。

（1）石板：按设计要求备料，如为石材应经见证取样，其放射性指标应符合有关规定。并按设计要求进行石板外防护处理。

（2）石板加工应符合下列规定：

1）石板连接部位应无崩坏、暗裂等缺陷；

2）石板的品种、几何尺寸、形状、花纹图案造型、色泽应符合设计要求；

3）大理石复合板厚度不得小于 25mm。

（3）其他材料

不锈钢垫片、膨胀螺栓：按设计规格、型号选用，并应选用不锈钢制品。挂件：应选用不锈钢或铝合金挂件，其大小、规格、厚度、形状应符合设计。螺栓：应选用不锈钢制品，其规格、型号应符合设计并与挂件配套。另有平垫、弹簧垫、环氧胶粘剂、嵌缝膏（耐候胶）、水泥、颜料等由设计选定。

2. 施工机具

主要机具包括：云石机、台钻、电锤、扳手、靠尺、水平尺、盒尺、墨斗、橡皮锤子等。

3. 作业条件

（1）结构经验收合格，水、电、通风、设备等应提前完成，并准备好现场加工饰面板所需的水、电源等。

（2）墙面弹好铺贴控制线和标高控制线。

（3）如需脚手架或操作平台应提前支搭好，宜选用双排架子，脚手架距墙面应满足安全规范的要求，同时宜留出施工操作空间，架子的步高要符合实际要求。

（4）有门窗套的必须把门框、窗框立好（位置准确、垂直、牢靠，并考虑安装石板时尺寸的余量）。同时要用1∶3水泥砂浆将缝隙堵塞严实。铝合金门窗框边缝所用嵌缝材料应符合设计要求，并塞堵密实，事先粘贴好保护膜。

（5）石材等进场后应堆放于室内，下垫方木，核对数量、规格，并预铺对花、编号，正式铺贴时按号铺贴。

（6）大面积施工前应放出施工大样，并做样板，经质检部门鉴定合格后方可按样板工艺操作施工。

（7）对进场的石料应进行验收，颜色不均匀时应进行挑选，必要时进行试拼编号。

4. 工艺流程

干挂复合石材施工分为短槽式和钢针式两种。

吊垂直、套方找规矩→龙骨固定和连接→石板开槽、打孔→挂件安装→擦缝、打胶。

4.7.4 质量管控及操作要点

1. 吊垂直、套方找规矩

2. 龙骨固定和连接

3. 石板开槽、打孔

（1）短槽式

将复合大理石板临时固定，按设计位置用云石机在石板的上下边各开两个短平槽。短平槽的长度不应小于100mm，在有效长度内槽深不宜小于15mm；开槽宽度宜为6～7mm（挂件：不锈钢支撑板厚度不宜小于3mm，铝合金支撑板厚度不宜小于4mm）。弧形槽的有效长度不应小于80mm。两挂件间的距离一般不应大于600mm。设计无要求时，两短槽边距离石板两端部的距离不应小于石板厚度的3倍且不应小于85mm，也不应大于180mm。石板开槽后不得有损坏或崩边现象，槽口应打磨成45°倒角，槽内应光滑、洁净。开槽后应将槽内的石屑吹干净或冲洗干净。

（2）钢针式

将石板固定，按设计位置用台钻打垂直孔，打孔深度宜为22～23mm，孔径宜为7～8mm（钢销直径宜为5～6mm，钢销长度宜为40～50mm）。设计无要求时，钢销的孔位应根据石板的大小而定。孔位距离边端不得小于石板厚度的3倍，也不得大于180mm。钢销间距不宜大于600mm。边长不大于1m时每边应设两个销钉，边长大于1m时应复合连接。开孔后石板的钢销孔处不得有损坏或崩裂的现象，孔内应光滑、洁净。

4. 挂件安装

（1）短槽式

首层石板安装。对沿地面层的挂件进行检查，如平垫、弹簧垫安放齐全则拧紧螺母。将石板下槽内抹满环氧树脂专用胶，然后将石板插入；调整石板的左右位置，找完水平、垂直、方正后将石板上槽内抹满环氧树脂专用胶。将上部的挂件支撑板插入抹胶后的石板槽并拧紧固定挂件的螺母，再用靠尺板检查有无变形。等环氧树脂胶凝固后用同样方法按石板的编号依次进行石板的安装。首层板安装完毕后再用靠尺板找垂直、水平尺找平整、方尺找阴阳角方正、游标卡尺检查板缝，发现石板安装不符合要求应进行修正。按上述方法的第 2、3 步进行第 2 层及各层的石板安装。

（2）钢针式

首层石板安装。对沿地面层的挂件（俗称舌板）进行检查，如平垫、弹簧垫安放齐全则拧紧螺母。将石板下孔内抹满环氧树脂专用胶冰碴，然后将石板插入；调整石板的上下、左右缝隙位置，找完水平、垂直、方正后将石板上孔内抹满环氧树脂专用胶。将石板上部固定不锈钢舌板的螺母拧紧，将钢针穿过不锈钢舌板孔并插入石板空底。再用靠尺检查有无变形。等环氧树脂胶凝固后用同样方法按石板的编号依次进行石板的安装。首层板安装完毕后再用靠尺板找垂直、水平尺找平整、方尺找阴阳角方正、游标卡尺检查板缝，如有石板安装不符合要求应进行修正。按上述方法的第 2、3 步进行第 2 层及各层的石板安装。

在第 2 层以上石板安装时，如石板规格不准确或水平龙骨位置偏差造成挂件与水平龙骨之间有缝隙，应在挂件与龙骨之间采用不锈钢垫片予以垫实。

首层石板安装时，如沿地面的挂件无法按正常方法施工，可采取以下方法：在地面标高线向上的墙面 100mm 高处安装水平龙骨，并固定 135°的不锈钢干挂件，调整好石材的平整度、垂直度后将上部的挂件支撑板插入抹胶后的石板槽并拧紧固定挂件的螺母。

5. 擦缝、打胶

4.7.5 质量标准

1. 主控项目

（1）干挂复合石材墙面所用的材料的品种、规格、性能和等级，应符合设计要求及国家产品标准和工程技术标准的规定。石材的弯曲强度不应小于 8.0MPa；吸水率应小于 0.8%。干挂复合石材墙面的铝合金挂件厚度不应小于 4.0mm，不锈钢挂件厚度不应小于 3.0mm。

（2）干挂复合石材墙面的造型、立面分格、颜色、光泽、花纹和图案应符合设计要求。

（3）石材孔、槽的数量、深度、位置、尺寸应符合设计要求。

（4）干挂复合石材墙面主体结构上的预埋件和后置埋件的位置、数量及后置埋件的拉拔力必须符合设计要求。

（5）干挂复合石材墙面的金属框架立柱与主体结构预埋件的连接、立柱与横梁的连接、连接件与金属框架的连接、连接件与石材板面的连接必须符合设计要求，安装必须牢固。

（6）金属框架和连接件的防腐处理应符合设计要求。

（7）干挂复合石材墙面的防火、保温、防潮材料的设置应符合设计要求，填充应密实、均匀、厚度一致。

（8）各种结构变形缝、墙角的连接点应符合设计要求和工程技术标准的规定。

（9）石材表面和板缝的处理应符合设计要求。

（10）干挂复合石材墙面的板缝注胶应饱满、密实、连续、均匀、无气泡，板缝宽度和厚度符合设计要求和工程技术标准的规定。

2. 一般项目

（1）干挂复合石材墙面的表面应平整、洁净，无污染、缺损和裂痕。颜色和花纹协调一致，无明显色差，无明显修痕。

（2）干挂复合石材墙面的压条应平直、洁净，接口严密，安装牢固。

（3）石材接缝应横平竖直、宽窄均匀；阴阳角石板压向应正确，板边合缝应顺直；凹凸线出墙厚度应一致，上下口应平直；石材面板上洞口、槽边应套割吻合，边缘应整齐。

（4）干挂复合石材墙面的密缝胶缝应横平竖直、深浅一致、宽窄均匀、光滑顺直。

（5）每平方米石材的表面质量和验收方法应符合表 4-4 的规定。

每平方米石材的表面质量和验收方法　　表 4-4

项次	项目	质量要求	检验方法
1	裂痕、明显划伤和长度大于 100mm 的轻微划伤	不允许	观察
2	长度大于 100mm 的轻微划伤	≤8 条	用钢尺检查
3	擦伤总面积	$\leqslant 500mm^2$	用钢尺检查

（6）干挂复合石材墙面的允许偏差和检验方法应符合表 4-5 的规定。

干挂复合石材墙面的允许偏差和检验方法　　表 4-5

项次	项目	允许偏差(mm)	检验方法
1	立面垂直度	2	2m 垂直检测尺检查
2	表面平整度	2	2m 靠尺、塞尺检查
3	阴阳角方正	2	直角检测尺、塞尺检查
4	接缝直线度	2	拉 5m 通线、不足 5m 拉通线、钢直尺检查
5	勒角上口直线度	2	拉 5m 通线、不足 5m 拉通线、钢直尺检查
6	接缝高低差	0.5	钢直尺、塞尺检查
7	接缝宽度差	1	钢直尺检查

4.7.6 成品保护

1. 安装好的石板应有切实可靠的防止污染措施；要及时清擦残留在门框、玻璃和金属饰面板上的污物，特别是打胶时在胶缝的两侧宜粘贴保护膜，预防污染。

2. 合理安排施工顺序，专业工种（水、电、通风、设备安装等）的施工应提前做好，经隐检合格后方可进行面板施工，防止损坏、污染外挂石材饰面板。

3. 饰面完成后，易磕碰的棱角处要做好成品保护工作，其他工种操作时不得划伤和碰坏石材。

4. 拆改架子和上料时，注意不要碰撞干挂复合石材饰面板。

5. 施工中环氧胶未达到强度不得进行上一层的施工，并防止撞击和振动。

4.7.7 注意事项

1. 饰面板面层颜色不均：其主要原因是施工前没有进行试拼、编号和认真挑选。

2. 线角不直、缝格不均、墙面不平整：主要是施工前没有认真按照图纸核对实际结构尺寸，进行龙骨焊接时位置不准确，未认真按加工图纸尺寸核对来料尺寸，加工尺寸不正确，施工中操作不当等造成。对于线角不直、缝格不均问题，应对进场材料进行严格检查，不合格的材料不得使用；线角不直、墙面不平整应通过施工过程中加强检查来进行纠正。

3. 墙面污染：打胶勾缝时未贴胶带或胶带脱落，打胶污染后未及时进行清理，造成墙面污染，可用小刀或开刀进行刮净。竣工前要自上而下地进行全面彻底的清理擦洗。

4. 高处作业应符合《建筑施工高处作业安全技术规范》JGJ 80 的相关规定；脚手架搭设应符合有关规范要求；现场用电应符合《施工现场临时用电安全技术规范》JGJ 46 的相关规定。

第8节　玻化砖粘贴施工质量通病管控要点及验收标准

4.8.1　玻化砖粘贴常见通病现象及管控

1. 玻化砖粘贴常见通病及问题分析（表4-6）

玻化砖粘贴常见通病及问题分析　　表4-6

序号	通病现象	原因分析	管控方法
1	墙面玻化砖铺贴后出现空鼓脱落	粘结层与墙体基层之间的处理方式不牢固，也会造成面层玻化砖空鼓脱落	墙体基层要牢固，具有粘结力，玻化砖背面冲洗干净，用胶粘剂与水按比例调和，锯齿镘刀批刮，胶粘剂厚度在5～7mm左右
2		玻化砖密拼，没有留一定的缝隙，以及铺贴后养护不到位	砖缝控制在1mm左右，避免密拼。每隔5h进行淋水养护
3		瓷砖的吸水率表示如下： 陶质砖＞10％≥炻质砖＞6％≥细炻质＞3％≥炻瓷质＞0.5≥全瓷砖（玻化砖）。玻化砖吸水率低，普通水泥砂浆粘结力不够，造成空鼓脱落	使用相应的玻化砖胶粘剂，并配合基层使用界面处理剂
4		玻化砖背后有灰尘或砖产品背面的凹凸摩擦力不够，铺贴时粘贴层不饱满或压不密实，砖的粘结力不够	施工前检查墙体粉刷层是否处理到位，需对基层进行浇水湿润。风化或松散严重的，应铲除原基层，重新粉刷

2. 问题简述

虽然许多装饰工程在施工过程中选用了很多方法，但是却始终无法很好地解决空鼓，究其原因主要有两个：一是砌块墙体粉刷质量差，导致粉刷层粘结不牢靠，出现玻化砖与粉刷层粘结不牢固，产生空鼓甚至脱落的质量通病；二是玻化砖吸水率低，无法与水泥砂浆粘结，粘贴层均为刚性粘结材料，开始粘贴的时候看似十分牢固，但是由于水泥的水化作用逐步完成，水泥砂浆开始出现收缩，玻化砖的表面非常致密，吸水率极低，玻化砖的表面很难和水泥砂浆或干粉砂浆粘合为一体。随着时间的推移（大约在6～12个月左右），玻化砖开始相继出现空鼓现象，严重的会出现玻化砖脱落，造成严重的质量安全危害。

3. 工艺流程

清除混凝土加气块墙体墙面浮灰→修正补平勾缝→洒水湿润基层→做灰饼→梁、柱交接处挂钢丝网→基层专用界面剂处理→贴玻纤网格布（钢丝网）→抹底层灰1∶1水泥细砂浆内掺20％水重的建筑胶→抹中层灰→抹面层灰1∶2.5或M15，并掺20％水重的建筑胶→养护→找标高、弹线→专用齿状工具铺专用胶粘剂找平层→红外线弹铺砖控制线→玻化砖刷背胶晾干处理→铺砖→勾缝、擦缝→养护→成品保护。

4.8.2　质量通病管控措施

1. 在混凝土加气块墙体进行粉刷时必须采用挂网粉刷，网眼孔距不大于20mm×20mm，与加气块墙体连接牢靠，采用专用铆钉固定，否则会出现粉刷层脱离现象，同时注意在粉刷时需在砂浆中加胶水，增加砂浆的粘结力，粉刷完成后表面要做拉毛处理（图4-16）。

2. 将玻化砖依次排开，背面均匀地涂抹玻化砖界面剂（背胶），自然风干，保证玻化砖背面粘结力，备用（图4-17）。

图 4-16　混凝土加气块墙体及粉刷

3. 墙面使用专用胶粘剂找平做齿状粉刷（图 4-18）。

图 4-17　玻化砖刷背胶（界面剂）

图 4-18　墙面使用胶粘剂找平

4. 用玻化砖专用胶粘剂满铺玻化砖背面，将涂有胶粘剂的玻化砖按照由下至上的施工顺序进行施工，同时粘贴到第三排砖的时候就不再继续向上粘贴，需要更换施工作业面，按照由下至上的施工顺序进行施工，同时也要控制好一次粘贴高度。砖与砖之间要加定位卡，确保砖缝大小一致，缝隙顺直、美观（图 4-19）。

图 4-19　玻化砖铺贴

4.8.3　质量验收标准

施工质量符合《建筑装饰装修工程质量验收标准》GB 50210—2018的有关要求。

第9节　室内墙面机喷石膏砂浆施工质量管控要点及验收标准

粉刷石膏砂浆是以半水石膏为胶凝材料的预拌砂浆，是一种新型的墙体室内专用的绿色环保型抹灰材料，它能解决建筑工程中许多材料面抹灰难，易出现空鼓、开裂等质量通病，对混凝土、加气混凝土砌块、聚苯板等各种基材效果更加明显。尤其是目前执行分户验收的标准，粉刷石膏既能保证施工质量，又可保证达到分户验收的标准，同时粉刷石膏能消除工程竣工后的各种质量隐患，避免大量的重复作业及返工现象，也解决了采用砂浆抹灰带来的诸多问题，为用户创造良好的生活空间。

国际建筑市场高速发展，欧美国家近年来有80%以上已改用新型石膏墙体抹灰建筑材料来进行内墙的抹灰饰面。本材料特别适用于混凝土剪力墙板、混凝土加气砌块、轻质砂加气砌块、混凝土砌块、黏土砖等墙面。机喷石膏砂浆材料作为新型建材产品，越来越多为各大房产开发商所采用。

4.9.1　性能特点

1. 粘结性能好，对墙体基层做清理后，该材料可直接使用于各种墙体抹灰。

2. 不需要对混凝土板、柱、梁、轻质砌体进行界面剂处理。

3. 原材料为天然成分，粉刷成形后无不良的收缩性能，具有微膨胀功能，能防止墙面的细裂缝出现，使用后无空鼓、开裂。

4. 喷涂成形后的墙面在施工过程中，具有一定的材料塑气泡空隙，具备其他材料不具备的活性功能，即有吸气、吸声效果。特别在连续下雨天对房间潮湿气体能有较好的吸收效果。

5. 具有一定的保湿和防火性能。

6. 本材料为天然成分，对室内环境空气检测，其数据值均远小于粉刷的水泥砂浆检测标准值，为无污染产品。

7. 节能效果好，避免常规工地上使用的黄砂材料所造成的扬尘，并在施工现场的原材料堆放中占较小场地面积。

8. 该材料为机械喷涂施工工艺，每台班/每天工作量在400m^{2}以上，能有效提高工期质量，避免了常规砂浆粉刷施工时对劳动力的大量需求。

9. 对机喷型石膏砂浆墙面，如后期需要重新埋管、设备改装等产生的修补，不会产生墙面起壳和空鼓现象。

10. 本材料使用于现浇混凝土、加气混凝土、聚苯板和各种保温浆料及粉煤灰砖制品。

4.9.2　水泥砂浆和石膏砂浆墙面的对比

水泥砂浆和石膏砂浆墙面的对比，见表4-7。

水泥砂浆和石膏砂浆墙面对比表　　表4-7

对比项目	单位	水泥砂浆墙面	石膏砂浆墙面
完成效果	—	普通抹灰，误差大	高级抹灰，误差小
开裂、空鼓	—	普遍存在	无
厚度要求	mm	≥15	≥5

续表

对比项目	单位	水泥砂浆墙面	石膏砂浆墙面
施工温度	℃	5～35	0～40
拉伸粘结强度	MPa	≥0.20	≥0.4
7d线性收缩率	%	0.066	0.031
14d性收缩率	%	0.230	0.033
导热系数	W/(m·K)	0.93	0.41
20mm抹灰	—	分两遍抹灰、隔天施工	一遍成品
施工速度	—	慢	快
作业方式	—	湿作业	干作业
维修成本	—	无法估量	0

4.9.3 适用范围及技术指标

1. 适用范围：粉刷石膏适用于建筑物室内墙面和顶棚上进行底层、面层及保温层抹灰。

2. 材料的技术指标见表4-8。

材料的技术指标 表4-8

检查项目	单位	性能指标	检验结果	单项判定
初凝时间	h	≥1.0	2.0	合格
终凝时间	h	≤6.0	3.0	合格
抗折强度	MPa	≥2.0	2.5	合格
抗压强度	MPa	≥4.0	5.8	合格
拉伸粘结强度	MPa	≥0.4	0.5	合格
保水率	%	≥75	88	合格

4.9.4 施工准备

1. 施工材料

（1）粉刷石膏（成品袋装材料）：用于抹灰粉刷层。

（2）干净水：用于拌制石膏砂浆。

（3）网格布：用于各结构缝及线管线槽等部位。

2. 施工工具

（1）红外仪、测距仪、角尺、塞尺、2m靠尺、吊线锤、空鼓锤。

（2）刮刀、钢板抹子、阴阳角抹子、托灰板、抹灰桶。

（3）烤漆铝合金长尺（用于冲筋）、铝合金直尺（用于做护角）、铝合金刮尺（0.4～2.0m长，用于刮墙）。

（4）铁锹、扫帚、水桶、水管。

（5）跳板、木凳、短梯等。

3. 施工设备

石膏砂浆喷涂机械能更有效地降低材料损耗（无浪费）以及更多地提高工作效率（是传统抹灰的4～5倍）。

4. 施工作业条件

（1）主体或楼屋面施工完毕并已验收通过。

（2）石膏砂浆施工质量直接影响到房屋结构使用、居住及安全可靠性，为此，在石膏砂浆施工中，应严格控制施工质量，认真执行国家、地方的施工规范和质量标准，使之在建筑生产活动中落实到位。

4.9.5　工艺流程

放线、做灰饼→贴网格布→冲筋→复筋、补筋→护角→喷墙→修补→清理。

4.9.6　施工要点

1. 放线、做灰饼

（1）严格按照施工图纸尺寸要求进行放线、打点。

（2）采用两台红外仪对角线位置拉横、竖线控制房间方正（方正需控制在 5mm 内）。

（3）每墙面打点时必须拉横线，确保一面墙上所有的点都在一个平面上（垂直、平整控制在 1mm）。

（4）每条筋间距不得大于 1300mm，阴角左边 100mm、右边 200mm 位置必须放置灰筋。

（5）每条灰筋必须垂直，两点离地面 400mm 和 1700mm。

（6）每间房放线完成后开间、进深必须控制在±5mm 内；衣柜、壁橱部位开间、进深控制在＋5mm 内（只能大不能小）。

（7）墙厚按照施工图纸要求控制在±2mm 以内。

（8）放线过程中，对施工界面尺寸存在问题的部位应及时通知相关人员进行处理。

2. 贴网格布

（1）严格按照施工图纸及现场技术交底的要求进行施工。

（2）网格布粘贴前需先检查界面，对施工界面尺寸存在问题的部位应及时通知相关管理人员进行处理。

（3）网格布粘贴需严格按照满批石膏砂浆刮平→张铺网格布至平顺→满批石膏砂浆刮平的顺序。

（4）粘贴网格布必须齐缝对中（网格布宽不小于 300mm）。

（5）各结构缝及线管线槽等部位缝隙回填应密实，严禁出现空鼓。

3. 冲筋

（1）严格按照放线、打点的尺寸、位置要求进行施工，不得偷减灰筋数量。

（2）冲筋前应先检查各结构缝及线管线槽等部位是否粘贴网格布及其施工质量，对遗漏和达不到质量要求的部位，及时通知上道工序施工人员进行处理。

（3）冲筋用料必须调制均匀，灰筋饱满，表面光洁平整，垂直、平整必须控制在 2mm。

（4）灰筋接头部位必须留置斜口以方便接筋。

（5）冲筋、接筋完成后应进行检查，发现问题及时进行修补，确保灰筋质量。

4. 复筋、补筋

（1）将未冲到顶的灰筋进行复筋，每条灰筋需顶天立地。

（2）冲筋、接筋完成后由实测实量人员进行垂直、平整、光洁检查，发现问题及时进行修补，确保灰筋质量。

5. 护角

（1）严格按照施工图纸及现场技术交底的要求进行施工。

（2）施工前应对门、窗边护角部位进行检查，对出现的界面尺寸等问题及时通知相关工序人员或现场管理人员进行处理。

（3）施工过程中应采用线锤吊直，确保边角平整、垂直控制在±2mm以内。

（4）严格控制门洞、窗口尺寸在±2mm以内。

6. 喷墙

（1）墙面喷刮前应先检查灰筋是否按照要求冲、接完整。

（2）喷刮前应先对墙面进行洒水湿润。

（3）对剪力墙墙面可先进行人工满批一遍，厚度为3～5mm，待初凝后再进行机器喷涂（或者在喷涂完成后人工及时跟进压泡），从而消除剪力墙墙面的气泡。

（4）墙面需喷刮至灰筋面并至墙面平整、光洁。

（5）阴角部位需喷刮到位，收至垂直、平整。

（6）每间房喷刮完成后，门、窗边及地面散落余料应及时清理干净，确保整洁。

（7）喷刮过程中，对出现的空鼓、气泡以及裂纹等质量问题应及时修补处理，做到每间房喷刮完成后跟进修补，达到实测实量标准。

（8）施工现场做到工完场清。

7. 修补

（1）专职实测实量人员对石膏砂浆喷刮完成后的作业面进行实测实量，并及时安排人员进行修补，用专用工具将表面毛糙、凸出部位和误差点进行铿平，从而达到实测实量质量标准要求。

（2）房间方正、开间、进深和墙面垂直、平整以及阴阳角修补至实测实量标准。

（3）实测实量标准：方正不大于10mm，开间、进深±10mm，垂直、平整±4mm，阴阳角±2mm，衣柜、壁橱开间+5mm（只能大不能小）。

8. 清理

修补完成后对施工作业面进行清理，将遗留的材料、施工用具及其配件等清理出作业面并清扫干净。

4.9.7 夏季施工易发问题及预控方案

1. 粉刷石膏易受潮结块（雨天运输）。

2. 夏季高温时段，石膏砂浆表凝时间约为20min，抹刮后材料应即刻收集回用，否则容易发生硬化；硬化的材料再次上墙，容易引起空鼓剥落等风险。

3. 高温使料浆的水分容易被墙体基层吸收，水分挥发快，致使粉刷石膏缺少水化所必需的水分，因而出现裂纹、空鼓。

4.9.8 质量控制及验收标准

1. 保证项目：所用材料的品种、质量必须符合设计要求，各抹灰层之间及抹灰层与基体之间必须粘结牢固、无脱层、空鼓，面层无裂缝等缺陷。

2. 基本项目：表面光滑、洁净，颜色均匀，无明显抹纹，墙面垂直平整，房间方正。

3. 空洞、槽、盒尺寸正确、方正、整齐、光滑，管道后方抹灰平整。

4. 专职实测实量人员根据实测实量的检验、控制标准，对每道施工工序进行跟踪检查、实测，对出现的质量问题及时处理以达到质量标准。

5. 允许偏差和检验方法见表4-9。

偏差对比表 表4-9

项次	检查项目		允许偏差(mm)	检验方法
1	墙面	平整度	0,4	用2m垂直检测尺、楔形塞尺检查
2		垂直度	0,4	用2m垂直检测尺、楔形塞尺检查
3	房间	开间、进深	±10	红外仪、测距仪检查
4		方正	±10	红外仪、5m卷尺检查
5	阴阳角		±4	阴阳角尺、楔形塞尺检查
6	柜体		0,10	测距仪检查
7	墙厚		±3	卡尺
8	外墙窗内测墙厚		0,4	5m卷尺检查

6. 注意事项

(1) 粉刷石膏砂浆应防止受潮、雨淋等。

(2) 喷涂前应对机喷石膏进行相关检查，根据出厂质量证明书、性能检验报告说明书等进行机械操作，掌握机喷石膏的强度情况。

第10节 阳台栏杆高度的具体规定

4.10.1 有关阳台栏杆高度的标准要求

在许多规范及设计图纸中，经常可以看到，多层和高层建筑阳台栏杆的高度分别为1.05m和1.1m，很多人还听说过“可踏面”这个概念，也即栏杆的高度应该从“可踏面”起算。何为“可踏面”，规范对此没有明确规定。

4.10.2 《住宅设计规范》GB 50096—2011有关条文

5.6.2 阳台栏杆设计必须采用防止儿童攀登的构造，栏杆的垂直杆件间净距不应大于0.11m，放置花盆处必须采取防坠落措施。(强制性条文)

5.6.3 阳台栏板或栏杆净高，六层及六层以下不应低于1.05m；七层及七层以上不应低于1.10m。(强制性条文)

6.1.3 外廊、内天井及上人屋面等临空处的栏杆净高，六层及六层以下不应低于1.05m，七层及七层以上不应低于1.10m。防护栏杆必须采用防止儿童攀登的构造，栏杆的垂直杆件间净距不应大于0.11m。放置花盆处必须采取防坠落措施。(强制性条文)

6.3.2 楼梯踏步宽度不应小于0.26m，踏步高度不应大于0.175m。扶手高度不应小于0.90m。楼梯水平段栏杆长度大于0.50m时，其扶手高度不应小于1.05m。楼梯栏杆垂直杆件间净空不应大于0.11m。(强制性条文)

6.3.5 楼梯井净宽大于0.11m时，必须采取防止儿童攀滑的措施。(强制性条文)

4.10.3 《住宅设计规范》GB 50096—2011有关条文说明

5.6.2 阳台是儿童活动较多的地方，栏杆（包括栏板的局部栏杆）的垂直杆件间距若设计不当，容易造成事故。根据人体工程学原理，栏杆垂直净距应小于0.11m，才能防止儿童钻出。同时为防止因栏杆上放置花盆而坠落伤人，本条要求可搁置花盆的栏杆必须采取防坠落措施。

5.6.3 阳台栏杆的防护高度是根据人体重心稳定和心理要求确定的，应随建筑高度增高而增高。阳台（包括封闭阳台）栏杆或栏板的构造一般与窗台不同，且人站在阳台前比站在窗前有更加靠近悬崖的眩晕感，如图4-20所示，人体距离建筑外边沿的距离 b 明显小于a，其对重心稳定性和心理安全要求更高。所以本条规定阳台栏杆的净高不应按窗台高度设计。

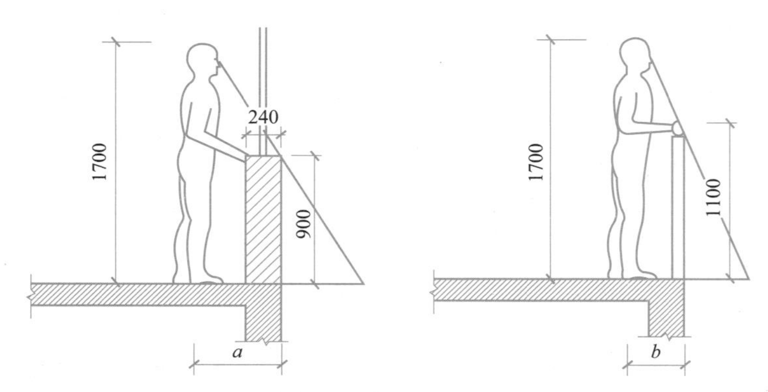

图 4-20 窗台与阳台的防护高度要求不同

此外，强调封闭阳台栏杆的高度不同于窗台高度的另一理由是本规范相关条文一致性的需要。封闭阳台也是阳台，本规范在“面积计算”“采光、通风窗地比指标要求”“隔声要求”“节能要求”“日照间距”等方面的规定，都是不同于对窗户的规定的。

6.1.3 外廊、内天井及上人屋面等处一般都是交通和疏散通道，人流较集中，特别在紧急情况下容易出现拥挤现象，因此临空处栏杆高度应有安全保障。根据国家标准《中国成年人人体尺寸》GB/T 10000 等资料，换算成男子人体直立状态下的重心高度为1006.80mm，穿鞋后的重心高度为1006.80mm＋20mm＝1026.80mm，因此对栏杆的最低安全高度确定为1.05m。对于七层及七层以上住宅，由于人们登高和临空俯视时会产生恐惧的心理，进而产生不安全感，适当提高栏杆高度将会增加人们心理的安全感，故比六层及六层以下住宅的要求提高了0.05m，即不应低于1.10m。对栏杆的开始计算部位应从栏杆下部可踏部位起计，以确保安全高度。栏杆间距等设计要求与本规范5.6.2条的规定一致。

6.3.5 楼梯井宽度过大，儿童往往会在楼梯扶手上做滑梯游戏，容易产生坠落事故，因此规定楼梯井宽度大于0.11m时，必须采取防止儿童攀滑的措施。

4.10.4 《民用建筑设计统一标准》GB 50352—2019 有关条文

6.7.3 阳台、外廊、室内回廊、内天井、上人屋面及室外楼梯等临空处应设置防护栏杆，并应符合下列规定：

（1）栏杆应以坚固、耐久的材料制作，并应能承受现行国家标准《建筑结构荷载规范》GB 50009 及其他国家现行相关标准规定的水平荷载。

（2）当临空高度在24.0m以下时，栏杆高度不应低于1.05m；当临空高度在24.0m及以上时，栏杆高度不应低于1.1m。上人屋面和交通、商业、旅馆、医院、学校等建筑临开敞中庭的栏杆高度不应小于1.2m（图4-21）。

图 4-21 临空落地窗应设置栏杆

（3）栏杆高度应从所在楼地面或屋面至栏杆扶手顶面垂直高度计算，当底面有宽度大于或等于 0.22m，且高度低于或等于 0.45m 的可踏部位时，应从可踏部位顶面起算（图 4-22）。

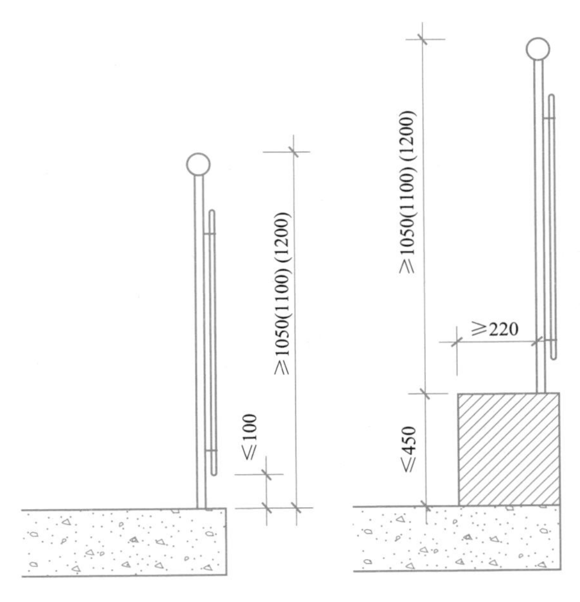

图 4-22　栏杆高度应从可踏面计算

（4）公共场所栏杆离地面 0.1m 高度范围内不宜留空。

6.7.4　住宅、托儿所、幼儿园、中小学及其他少年儿童专用活动场所的栏杆必须采取防止攀爬的构造。当采用垂直杆件做栏杆时，其杆件净间距不应大于 0.11m。（强制性条文）

4.10.5　《民用建筑设计统一标准》GB 50352—2019 有关条文说明

6.7.3 中：

（1）有些专项标准对栏杆水平荷载有专门规定，如国家标准《中小学校设计规范》GB 50099—2011 第 8.1.6 条的 1.5kN/m，高于现行国家标准《建筑结构荷载规范》GB 50009 的规定。因此，栏杆水平荷载取值除满足现行国家标准《建筑结构荷载规范》GB 50009 的要求外，还需满足其他相关标准规定的水平荷载。

（2）阳台、外廊等临空处栏杆的防护高度应超过人体重心高度，才能避免人靠近栏杆时因重心外移而发生坠落事故。根据我国 3～69 岁国民的体质监测数据，我国成年男性平均身高为 1.697m，换算成人体直立状态下的重心高度是 1.0182m，考虑穿鞋后会增加约 0.02m，取 1.038m，加上必要的安全储备，故规定 24m 及以下临空高度的栏杆防护高度不低于 1.05m，24m 以上临空高度防护高度提高到 1.10m，学校、商业、医院、旅馆、交通等建筑的公共场所临中庭之处危险性更大，栏杆高度进一步提高到 1.20m。

（3）宽度和高度均达到规定数值时，方可确定为可踏面。

6.7.4 为强制性条文。为防止坠落和攀爬，本标准对住宅、托儿所、幼儿园、中小学及其他少年儿童专用活动场所的防护栏杆设计做了专门要求。对于其他公共建筑，一般情况下，儿童应在监护人陪同下使用，防护栏杆可参照此要求设计。

第11节　消火栓箱门开启角度的具体要求

关于消火栓箱门的开启角度，不同的规范有不同的要求，很多人对此有疑惑。

《消火栓箱》GB/T 14561—2019规定消火栓箱门的开启角度不能小于160°。《消防给水及消火栓系统技术规范》GB 50974—2014在提到消火栓箱的施工安装时，要求开启角度不能小于120°。

《消火栓箱》是一本产品规范。所谓产品规范，主要是对产品自身的规格、型号、分类方式、内部布置，以及包装运输储存之类进行规定。一般来说，对于一种设备，如何制造是产品规范的事，如何应用是设计规范的事，如何安装检测验收是施工规范的事。所以产品规范中的160°是指消火栓箱在生产完成后、安装前，其箱门应该能达到的状态。常规的消火栓箱，门的合页使用普通的180°合页，开启角度达到或超过160°是十分容易的事，不存在任何技术和经济难度。当在现场安装时，如果是裸装，无论是明装，还是半嵌入，或是全嵌入，只要消火栓箱的门不凹进墙面，都可以轻易地实现160°的开启，如图4-23所示。

160°的开启的好处主要有两点：一是因为消火栓箱有很多是装在疏散走道上，如果门完全打开，则几乎不影响疏散宽度；二是门开启的角度大，方便使用消火栓。所以《消火栓箱》作为产品规范，要求160°的开启是合理的。

但是在实际安装中，还会有一种情况，即建筑的档次比较高，业主对室内效果有追求，厂家生产的消火栓箱的外观无法满足要求。即使是一些所谓的高档消火栓箱，也无法满足个性化的要求。所以在高档楼宇中，在消防箱门外部再做一道装饰门的做法也很普遍。但如果这样做，想达到160°的开启角度就变得十分困难，因为消火栓箱实际上变成隐藏式的。如图4-24所示。

《消防给水及消火栓系统技术规范》GB 50974—2014中对于安装完成以后的消火栓箱的开启角度，做了一个放宽，即120°。对于有装饰门的情况，120°相对来说容易许多。当然，120°是一个下限，如果能达到160°更好。这实际上是规范对建筑效果的一种妥协，有利于规范的实施和实质上的安全。如果项目上做了消火栓装饰门就不能通过消防验收，不做装饰门又较难看，就会出现设计时尽量将消火栓箱布置在角落的情况，或者运营方会想方设法用家具或绿植遮挡，消防检查时再挪开。这反倒影响了消火栓的使用和灭火效率。

当然，门只开启120°，即使不太影响消火栓的操作，但对疏散走道的有效宽度还是会有影响。所以此规范也做了补充规定，即消火栓门不得影响疏散。

如何做到不影响疏散，一是增加疏散走道的宽度。高档办公楼层的疏散走道宽度达到1.8m，即使被消火栓门遮挡一部分，也不会少于规范规定的宽度。如果不想增加疏散走道的宽度，就得考虑消火栓箱的布置不能放在疏散时人员比较集中的位置，比如疏散门、安全出口附近，而且门的开启方向和疏散方向要匹配，不可产生阻挡。

图 4-23　明装成品消火栓箱

图 4-24　隐藏式消火栓箱

第 12 节　单层索网结构点支式玻璃幕墙安装工艺及验收标准

4.12.1　工艺原理

单索结构点支式玻璃幕墙是一种由钢丝索平行布置或交叉布置形成的索网受力支撑系统，其受力索工作状态是双向的，是靠钢索受力变形后的反力来达到抵抗外部正负荷载的作用。它可以由一个单索网结构单元组成，也可以由多个单索网结构组成。

4.12.2　工艺流程

确定幕墙玻璃分格→端部铰支座固定→横、竖向受力索连接→索网内预应力张拉→玻璃板块安装→注胶、玻璃清洗。

4.12.3　操作要点

1. 确定幕墙玻璃分格

根据建筑物幕墙洞口尺寸与受力，计算确定一个单索结构点支式玻璃幕墙在一个受力单元内其尺寸大小、玻璃分割的数量和索网格的多少。

2. 端部铰支座固定

端部铰支座按设计尺寸和位置要求固定在边缘支撑结构上，边缘支撑结构采用建筑主体结构或钢结构桁架。

3. 横、竖向受力索连接

（1）竖向受力索和横向受力索按设计尺寸和位置要求通过端部铰支座与边缘支撑结构连接，竖向受力索和横向受力索端部与端部铰支座之间装置的端部预应力调节器同时安装。预应力调节器有受力索连接杆，受力索连接杆上装有预应力调节螺杆、预应力调节套。

（2）钢索交点锁紧机构安装。钢索交点锁紧机构装置在竖向受力索和横向受力索交叉部位，钢索交点锁紧机构前端的玻璃连接机构同时安装。钢索交点锁紧机构由竖向受力索夹紧盘和横向受力索夹紧盘组成，玻璃连接装置为玻璃连接卡爪或连接盘。

4. 索网内预应力张拉

通过端部预应力调节器，采用分级张拉的办法施加索网内预应力，确保索网格的尺寸准确和内应力均匀。

5. 玻璃板块安装

幕墙玻璃板块与玻璃连接机构连接，经调整后构成单索结构点支式玻璃幕墙。玻璃幕墙板块采用单片玻璃或复合玻璃。

6. 注胶、玻璃清洗

硅酮耐候密封胶雨天禁止打胶施工。注胶前应在拼缝两边粘贴美纹纸，保护玻璃表面不被密封胶污染。拼缝位置注胶前应先挤入略宽于拼缝的聚苯乙烯条，用二甲苯清洗液清洗粘胶表面后再打胶，胶缝应顺直饱满，无起泡空鼓。注胶顺序为：竖向胶缝由下向上，横向胶缝从左向右。美纹纸应在密封胶初凝前撕去。

4.12.4 验收标准

1. 验收应具备下列资料：

（1）结构设计图、竣工图、图纸会审记录、设计变更文件、使用软件名称；

（2）施工组织设计、技术交底记录；

（3）产品质量保证书、产品出厂检验报告、制作工艺设计；

（4）施工检验记录，隐蔽工程验收记录，加工、安装自检记录，千斤顶标定记录，拉索张拉及结构变位记录，张拉行程记录；

（5）锚具无损探伤报告。

2. 索安装分项工程应按下列规定进行验收：

（1）主控项目

1）安装完成的索力和垂度、拱度应符合设计要求；

2）拉索和其他结构构件连接的节点应符合设计要求；

3）所有锚具和其他连接件应符合设计要求。

（2）一般项目

1）安装完成后，索体表面应圆整、光洁，无损伤、无污垢，护套无破损，如果护套存在破损，应做相应的修补；

2）安装完成后，锚具、销轴及其他连接件表面应无损伤；如果存在损伤，应做相应的修补。

3. 拉索张拉分项工程应按下列规定进行验收：

（1）主控项目

1）张拉完成后的拉索拉力和拱度、挠度应满足设计要求；

2）拉索和其他结构构件连接的节点应满足设计要求；

3）所有锚具和其他连接件应满足设计要求。

（2）一般项目

1）张拉完成后，索体表面应圆整、光洁，无损伤、无污垢，护套无破损；

2）张拉完成后，锚具、销轴及其他连接件应无损伤；

3）张拉完成后结构变形均符合设计要求。

4. 拉索张拉完成后，索体、锚具及其他连接件的永久性防护工程应满足设计要求。

5. 玻璃幕墙安装质量应符合表 4-10 的要求。

玻璃幕墙安装允许偏差 表 4-10

项目		允许偏差(mm)	检查方法
竖缝及墙面垂直度	高度不大于 30m	10	激光仪或经纬仪
	高度大于 30m，但小于 50m	15	
平面度		2.5	2m 靠尺、钢板尺
胶缝直线度		2.5	2m 靠尺、钢板尺
拼缝宽度		2	卡尺
相邻玻璃平面高低差		1	塞尺

6. 硅酮耐候密封胶的宽度、厚度检验：

采用分辨率为 0.05mm 的游标卡尺测量，注胶表面应为细腻、均匀膏状或黏稠液体，不应有气泡、结皮和凝胶。

参考文献

[1] 胡本国.涂裱工［M］.北京：中国建筑工业出版社，2018.
[2] 胡本国.镶贴工［M］.北京：中国建筑工业出版社，2018.
[3] 胡本国.装饰装修木工［M］.北京：中国建筑工业出版社，2018.
[4] 辛雯.建设工程企业资质管理制度改革方案印发［N］.中国建设报，2020-12-04.